舞麦！

Wumai

天然酵母窑烤面包名店的

12堂『原味』必修课

舞麦者 著

河南科学技术出版社

· 郑州 ·

推荐序——杨儒门

怎么认识舞麦者，我也忘了。

今天和工作伙伴在讨论的时候，好像他们是认识许久的朋友。一开始讨论到"窑"的制作，有一种是"比萨窑"，因为是用明火烤，窑的制作简单。为了在集市举办期间，能和消费者有互动和讲述，举办者盖了"行动窑"带到集市和大家分享与游戏，但是总觉得不是很理想。认识舞麦者后，参观了位于基隆暖暖的"舞麦窑"，才发现盖一座"面包窑"是专业的作为，要经过计算、规划才可以达到要求。光砖头就有耐火砖、保温砖等，不是我们自己想象得那么容易，又给我上了一课。而关于农产品的加工和入菜，想了许久，发现尝试和创新都不是容易的事。现在大部分的农友都有一定的年纪，新概念的接受度不高，需要有新鲜血液的加入。像集市研发的"莲子银耳汤"，口感很好，但是燃气的费用是很大的支出，和舞麦者讨论后，用保温砖做了"地瓜窑"之后，大大减少了燃料支出，虽然还不可以售卖，但是至少向前进了一步！

当舞麦者提出依季节制作紫米地瓜面包、南瓜起司面包、香蕉红枣面包、柑橘面包的时候，让我眼前为之一亮。或许在生活之中的许多可能，都可以被实现，只是我们愿不愿意而已！

推荐序——王杰

认识舞麦者，应该是四年以前的事了吧。但仔细看了书中的内容，才发现，故事应该是在很早以前就开始了。原来，生长在台湾中部山区农村的舞麦者，也有着啃山东馒头的儿时回忆，和我记忆中热腾腾馒头的回忆应当是相去不远的。

不如这么说吧，你吃什么东西长大，就是什么人。我是小时候必须要窝在棉被里，抱着面团，用我的体温让它发酵，来做成馒头的——面粉人。

我儿时的生活中，掺杂了很多关于面粉以及发粉的记忆，这些记忆，让我可以很容易对舞麦者的工作产生认同，那是一种饮食文化的认同感。

当然，谈到文化这话题，就很难讲清楚，简而言之，文化是需要薄薄的、一层层若有似无积累的。但对于大多数人的面包认知还停留在"葱面包"或"巴搭胖"(butter pan) 的状况来说，当真实面对舞麦窑烤面包时，那绝对是个全然的文化冲击，毕竟，真的是有人连怎么，或由什么地方咬下第一口都没个头绪，因为其中大部分都是从小吃着松软大米长大的——稻米人。

所以，当我将这本书认定是为稻米人所写的一本面包书时，各位就可以看出本书的重要性了。

舞麦者在基隆成功培养出本地的酵母菌种时，其实就已经旗帜鲜明地树立了本岛面包的个性了。他作为台湾师傅，以台湾建材砌的砖窑，以台湾食材以及他本身所拥有的农村文化背景，融入面包制作之中，也在若有似无中，锻造了一个只有台湾才有的独特口味。舞麦窑面包，对我来说，那是一种有如舞麦窑所在的基隆潮湿山谷中，长年不散的苔藓清香，混合着台湾农村气味，以及欧洲回忆的味道，迷人的组合，不是吗？

所以，就让我们跟着舞麦者的足迹，来趟窑烤面包之旅！

自序——舞麦者·张源铭

做面包，是我人生的偶遇，却又是一个重要转折，像一个不刻意相遇的女生，却不小心爱上她，好像要一起走一辈子。

回想，从第一次自养酵母要做馒头到现在，时间有多久了，真的记不清楚。有时，我会以取得海大海法所学位那一年做参考点，只是到底是哪一年，一样是模糊的。也就是说，在人生道路上，这一个点没有特别刻意，像是不小心闯进面粉与酵母的世界。也就是因为没那么的刻意，做面包对我来说，就没有世俗该有的压力，我只是有点不服输，又有点爱烹饪这玩意儿。说不服输是回想四十多年的生涯，第一个职业是为人师表，时间不长，在阳明山小学四年，中山小学两年。后两年在中山小学，因为当单科老师兼文书行政工作，对学生几无记忆。

倒是记得假日值班，总会尽责巡逻教室，因为当时教室屡被毕业学生放火，有次，我就看到三个中学生在教室里点火，冲进教室大声一喝，或许气势惊人，还真的镇住三个小鬼，乖乖地不敢乱动，跟着我到训导处，再通知家长领回教导。这是学校第一次有值班老师抓到搞破坏的学生，有同事笑我干吗那么认真，真的失火就报警，万一放火的学生来路不简单，何必自找麻烦，但我就忍不住。

至于在阳明山小学的四年，是在当兵前后各两年，第一年是菜鸟，或许是一塌糊涂，第二年的学生现在还会找我，那一年都是赚钱倒贴给学生，带他们下山看电影，或去郊游烤肉。后两年是带五年级到毕业，在校长万般担心下，毕业旅行硬要带他们去头城露营，希望留下美好的回忆。现在学生在社会里各有所成，有的结婚还会邀我参加，看来教书生涯也不算失败。

年近三十，不小心转行当媒体人，真的像拼命三郎，总要创个纪录什么的，只可惜没拿过新闻奖。不过，跑什么像什么，跑警政就像警察，跑司法就像司法官，跑港航也像个航运人。做了面包之后，从很酸的馒头、面包，就是想着怎么把它变化一下；在没钱买精密器具的情况下，让亲朋好友们说好吃，重点是不能添加任何非天然材料。也是不服输，硬是找出温度和时间差，解决了亲朋好友对面包有点酸的批评的问题。 其实，我们的面包离欧美经典面包店的窑烤天然酵母面包还有一大段距离，同样的，我还在寻找答案及解决之道。

至于喜爱烹饪这玩意儿，我老是觉得大概有老妈的遗传吧。因为我妈做的传统年节食品，是村庄里有名的好吃，小时候，我不吃别人家的粽子或年糕之类的食品，因为就觉得味道不对。师专毕业分配到阳明山小学，自己埋锅造饭，没学过如何煮牛肉面，只是吃了之后，回宿舍煮一锅，女朋友吃了，直说赞，连红烧猪脚也一样获得赞赏。一度还炒芥蓝牛肉丝给死党同学带便当，他也吃得津津有味。

闯进面包烘焙世界，真的是喜欢才会不中断。许多人都梦想开咖啡店、面包店，做过的人都知道，梦幻的美是表面，背后是大部分的孤寂和忙碌时光。做面包，当我们把面粉、水与酵母结合在一起后，就要受制于它，该分割、整形，就不能拖，该进炉烘焙了，慢了就走味没口感。今天要烤面包，前一天就要生火、顾火，都不得走开，形同被绑架一般。只是做自己喜爱的事，就变成甜蜜的负担。如果没有那么一大点的热情，是撑不下去的。想想，自从想要做面包之后，我的周休二日就是做面包，连年休假也是做面包，几乎没时间带家人出门游玩，除了春节长假。

面包做了这么久，这期间不少人曾探询我，是否可以教他们做野生天然酵母面包，一则是忙，一则是难以三言两语交代，都婉拒他们。最重要的是自己还没摸索出一套可以简明传承的理论。直到去年，有出版社约稿，我才开始思考如何教人在家做天然健康的面包。还好，以前当过小学老师，有教学的基础，从头到尾检视自己从养酵母到打面团、分割、整形，再发酵及进炉烘焙，发现，真的不难，所谓"江湖一点诀，讲破没价值"，就斗胆答应了约稿。不过，我的工作是瞬息万变的，遇有重大事情就忙翻天，平时也是绞尽脑汁在堆砌文字，写稿进度就时进时停。还好有出版社的不断鞭策，舞麦窑的好助手小雪的全力协助，内人张简雅纹的监督及帮忙，终于完成这本书。交稿期间，编辑常问我，有没有什么想法，我都说没有。因为，我只想把我知道的，简明地告诉大家，如果你想在家做面包，真的不难，也不需要昂贵的、占空间的机具，一样可以做出天然健康的面包。

最重要的，就是动手做吧。

张源铭

目 录

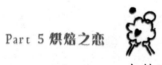

Part 6 砖窑之恋

砖窑的诞生，梦想终于成真

藏在生命里的老爸味道

美味，在嘴里，也游荡在记忆里

舞麦窑的面包受到大家喜爱，却很少有人知道，我们最早想做的不是面包，而是馒头。"真的吗？"我可以想象大家面露狐疑的生动表情。

大家不要被既有的印象框架限制住了。我曾在一本外国面包书上看到："馒头是蒸的面包，而面包是烤的馒头。"两者原是同根生，前段作业几乎相同，长大后分道扬镳，一个拿来蒸，另一个拿去烤，变成白棕两兄弟。

所以，面包做到一半，突然想吃馒头，可以开大火煮开水、放蒸笼，把已发酵的面团蒸成馒头。只是，得先考虑面团馅料是否合适，以及需要蒸煮的时间，因为蒸馒头和烤焙面包的温度是不同的。

⬇ 难忘的童年滋味

说到做馒头，大家都听过老面馒头，现在市面上只要打着老面馒头的名号，价格就可以翻几倍。至于想做老面馒头的原因，只是闲着想回味记忆中的味道，没想到却一头栽进去，从做馒头玩到做面包，越玩越大，还盖了座大尺寸的烤面包砖窑。

16

　　记得小时候物资贫乏，农地收成勉强可以养活一家人，虽饿不死，但要供应小孩上学，就捉襟见肘了。早年许多农民因此单枪匹马离乡讨生活，留下家小在农村等待外来的经济支持。当时，高冷蔬菜种植兴盛，需要大批人力，家父出外到梨山工作，先是跟着兴建德基水库，后来留下来跟一群山东老兵种植卷心菜及水蜜桃。爱烹饪真的是遗传。老爸学会了做馒头的功夫，偶尔下山回家，口袋里有些钱，会奢侈地去买面粉及干酵母回家（买非必要的民生用品就算奢侈啦）。晚上吃完饭，开始揉面团，清早起来做馒头，那发酵面团整齐排列的景象、馒头刚出炉的滋味，至今仍让我念念不忘。

　　年过不惑，开始回头看人生。记得刚拿到法学硕士学位，假日不必再为赶论文而神经紧绷，看着失去老伴的妈妈，灵光一闪说："记得小时候吃老爸的馒头，很幸福，要不要来试试？"当然啦，这想法也有安慰老妈的意思。说要做，买商业酵母最省事，不过，市面上流行老面馒头，就决定试试老面馒头。但是，对烘焙及发酵一窍不通，跟业者完全不熟，没地方可问，那就发挥现代人最佳本领，上网查。拜网络发达之赐，就在 CK 的幸福滋味网站看到了养天然酵母的方法，赶忙打印下来。对养酵母完全没概念的我，当时规规矩矩照表操作，依制作表的比例和做法，开始养起自己的野生天然酵母。

　　运气真好，刚好是秋冬交接，基隆气候凉爽宜人。洗好玻璃罐，切了一些苹果、加入冷开水和糖，再用保鲜膜封住，拿牙签戳几个洞，放在操作台角落，等待它的泡泡出现。或许正是养酵母的好季节，一试就成功。大约一周，玻璃罐内出现许多泡泡，按照打印出来的方法，倒出含有酵母的水，依比例加进面粉，放进玻璃罐里。果然如网页上所说，早上才加进面粉，傍晚就如火山喷发一般，面团挤满整个玻璃罐，还从瓶盖缝隙挤出来，活力十足。这次成功，让我有更大的信心，自此跟野生天然酵母结下不解之缘。

养了酵母，当然是要做馒头。拿酵母做了馒头，但是，要加多少酵母没个准，而且初养的野生天然酵母菌落还没完全稳定，加上还没学会温度及时间控制，刚开始做的馒头，可真是酸馒头。不过，母子两人还是吃得津津有味。有着好奇基因的我，看到网站上提到天然酵母可以做面包，而且旧金山有名的酸面包，就是利用天然酵母做成的，于是按照网站上的配方试着做。做完觉得内容单薄，为增进功力，便买了西川功晃的面包书来参考，自此从原味做到添加核桃、葡萄等。

因为花样多，不知不觉就完全投入面包世界，但也一直坚持全野生天然酵母欧式面包风格，后来再加入全谷物面包，为的是追求快被人们遗忘的面包哲学。

多年来，摸索窑烤全野生天然酵母与全谷物面包，一直是"靠书养"，没受过基础训练，一直不解烘焙业的实际操作过程。曾忍不住去台湾谷物研究所，上了五天的实用面包课程，才知道一般面包店的做面包真相，更加坚定我坚持无添加、全野生天然酵母与全谷物的原则。

从培养野生天然酵母、购买石磨自磨面粉，再到前往澳大利亚拜访烘焙界知名筑窑高手 Alan Scott，可能是运气好，也可能是我要命的乐观主义，过程一直很顺遂。

看到许多人对野生天然酵母面包很有兴趣，也深感野生天然酵母面包对人体有益，想把这几年的摸索心得与大家分享，希望大伙都能吃到健康美味又兼具本土味的面包。

Part 1

面包之恋

用爱做面包，
每个细节都用心学习，
享受手作揉捏的过程，
创造出绝妙滋味。

天然酵母的幸福世界

开始上面包课，爱上野生天然酵母

做面包，是既科学又感性的事。科学是指许多配方材料精准的比例；感性则是随着心情、温度、季节改变，过程也随之转折变化。

制作面包并不是艰深的科学实验，反而有更丰富的感性。就像日本烘焙师傅最爱说的："用爱去做面包，面包会感受到你的爱，做出来的面包，便有浓浓的爱之香味与口感。"

时下已有许多教人做面包的书，更有许多老师开班授课，各种繁复的技巧，都能找到相关书籍参考，自我修炼。在此不求华丽及繁复，坚持百分百全野生天然酵母制作，以最简单的方法做面包，要的是单纯麦香、美味的面包滋味。因为，美味来自食材、野生天然酵母及烘焙，繁复手法只增加了美观，有时候，反而在不知不觉中损失美味，甚至浪费食材。

面包制作过程虽然多变，但都有共同的基本过程，那就是材料称重、搅拌、第一次发酵、分割、整圆、静置、整形、最后发酵、划线、进炉烘焙、出炉。这是制作面包的标准流程，只是我使用野生天然酵母，需在前一天（视气候及温度而定）就先拿出面种再喂养到需要的量，增加一个流程。

许多人学做面包时，因老师交代要精准，都会仔细地称出丝毫不差的材料，但做面包应是人文科学，不是实验科学，差不多就好，所以，传统一直都习惯使用几杯、几大匙、几小匙。要做出单纯的面包，材料相当简单，百分百全谷物面包只需全谷物面粉、水、野生天然酵母面种、盐。也可说只有三种材料，因为野生天然酵母面种是由水和全谷物面粉组成的，有馅料面包则加进一些黑糖、初榨橄榄油与加进面团或包进面团的馅。

材料比例也并非一成不变，可随自己的喜爱酌量增减。若依烘焙百分比来说，面粉是100％，水大约是面粉重的70％（视季节及喜好微调增减），野生天然酵母面种是面粉重的25％，黑糖是面粉重的5％，初榨橄榄油是面粉重的5％，盐是面粉重的1.5％。至于馅料重量就有比较大的变异，因为有的是液态、有的是烤干、有的是烤熟，就依馅料特性，计算不同重量比。以制作一个核桃桂圆面包为例，面团重600克，如果馅料是面粉重的20％，全部材料包括面粉100％、水70％、野生天然酵母面种25％、盐1.5％、黑糖5％、初榨橄榄油5％、核桃桂圆20％，总共226.5％。所以面粉重是600克除以2.265，等于265克。

算出面粉重，其他材料重量就可算出来。水是面粉重的70％，将265乘0.7约等于185克；野生天然酵母面种是面粉重的25％，也就是265乘0.25，约等于67克；盐是265乘0.015，约等于4克；黑糖是265乘0.05，约等于13克；初榨橄榄油一样是13克；核桃桂圆53克。各材料总重再核算一下，共计600克。

称重公式：

1.面粉重＝面团重／总材料比

2.各材料重＝面粉重 × 各材料比

爱的定做衣——称重量

1

做面包，第一个步骤就是称好面粉的分量。

2

面包要松软湿润，水是重要的配角，约占面粉重的 70%。

3

野生天然酵母面种是灵魂，占面粉重的 25%。

4

还有左右面包滑顺的关键——初榨橄榄油，约占面粉重的 5%。

5

别忘了加点盐调味，可让面包风味更香甜。

6

未经漂白的黑糖，符合健康概念。

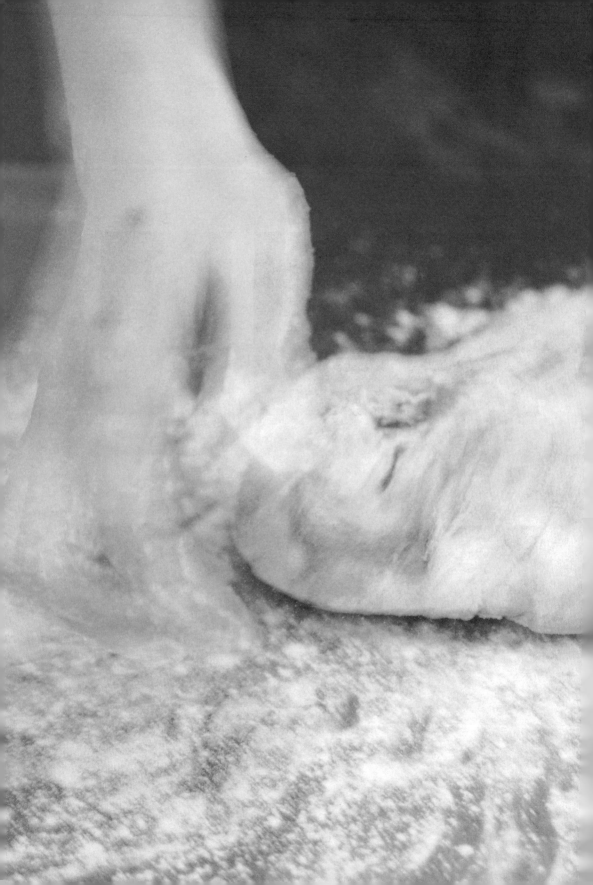

不少家庭有小型搅拌机，不过，只是制作家庭所需的面包，不一定要花费较大的资金买一台占位置的搅拌机，真有余钱，烤箱倒是比搅拌机重要。买一台好的烤箱，烤出来的面包味道更好，也可以拿来烤鸡、做比萨等。

至于面团，就用手揉吧！野生天然酵母面包的面团，必须经长时间低温发酵，不必像一般快发酵母面包加奶油、用搅拌机打到有"玻璃窗"的效果，只要揉到面筋出来、有弹性，大约15分钟就可以了。

另外，由美国流传出的免揉面包，利用野生天然酵母制作，将材料拌均匀、稍微揉一下，放进冰箱低温发酵，效果一样好。

既要揉面团，一般家庭厨房不是很大，操作台当然也不大，如果把面粉等材料放在操作台上，容易撒得到处都是，不妨准备一个大的不锈钢盆，可以省去许多麻烦。

揉面团第一个动作，是把所有材料倒进不锈钢盆，用手指轻轻搅拌，让水跟面粉等食材混合。

揉面团第一个动作，是先把野生天然酵母面种泡到水里搅散，然后将面粉、糖、盐、油、酵母水等所有材料倒入不锈钢盆，用手轻轻搅拌，让水跟面粉等食材混合。拌匀后，在不锈钢盆中先揉几下，在已清理过的操作台上撒上面粉，再将面团移至操作台上，开始揉捏。

注意揉制技巧是用手指扳回，内手掌根部加上全身力量压下推出，先不要在意初期的粘手，可以撒点面粉，最后就不会粘手了。

野生天然酵母面包的面团，不必像一般快发酵母面包打到有"玻璃窗"的效果，只要揉到面筋出来、有弹性，大约15分钟就可以了！

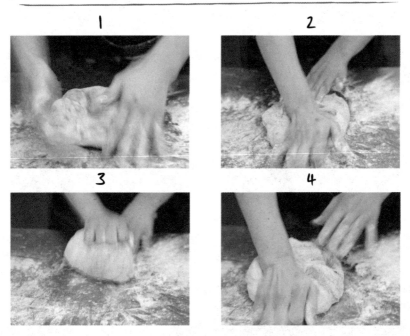

1 2 3 4

面团拌匀后，在操作台上撒上面粉，再将面团移至操作台上，开始揉捏，注意揉制技巧是用手指扳回，手掌压下推出，而不是用蛮力。

Step3

⬇

温馨等待幸福味，第一次发酵

揉好的面团要等候发酵，因为百分百使用野生天然酵母制作，最佳的方法就是低温发酵。为了少油、不浪费清洁剂，可以直接把面团放到刚刚使用过的不锈钢盆里，不必像一般教科书要求的先抹油。最后以保鲜膜封住，再放进冰箱。

一般家庭没有温控发酵箱，利用家用冰箱进行低温发酵就可以。家用冰箱温度约4℃，天然酵母在这种气

揉好的面团要利用家用冰箱低温发酵，
超过12小时就可以拿出来回温。

温下，繁殖速度非常慢，但不代表不再发酵，至少要在两天内拿出来使用，否则会超过发酵周期而膨胀，酸味会一直增加，直到坏掉。

放置于冰箱中大约 12 小时，就可以拿出来放在阴凉处回温，并最好在 6 小时内烘焙，做出台湾人较喜爱的比较没有酸味的面包。一般建议回温约 2 小时，就可以把面团拿出来开始分割。由于家用烤箱空间小，能量也小，面团可以设定小一点，250 克即可，避免因面团太大，外面烤焦了，里面还没熟。

还有，台湾地区夏冬两季温差大，夏天白天温度达 30℃，冬天只有十几摄氏度，由于温度是发酵速度的关键，30℃对天然酵母来说太高了，里面的益生菌繁殖速度会远高于酵母菌，酸味会增加。

因此，夏天最好放在有空调的房间里。冬天因为温度太低，酵母菌繁殖速度太慢，拉长发酵时间，也会造成酸味增加。可利用外出存放食品的保温箱，放进一杯温水，提高温度，加快发酵速度。

台湾的夏天白天温度达 30℃，对天然酵母来说太高了，益生菌繁殖速度增加则酸味会增加，因此最好放在有空调的房间里。

Step4

⬇️

巧手变出新花样——分割、整圆、整形、最后发酵

1、3 摄影：舞麦者

2、4 摄影：杨志雄

　　面团以切板分割好，每个约 250 克。分割后就可以进行整圆，再一次帮面团做"按摩"，让它成形。

　　面团以每个 250 克分割后，就要整圆，这是为后面的整形做准备。整圆后，把面团静置约 20 分钟，就可以开始整形，一般是做成橄榄形。

　　整形好的面团，放到烤盘纸上，盖上一层布，开始最后发酵，时间为 90 ~ 120 分钟。

预备动作齐步走——

烤箱预热、进炉烘焙

进炉前约 30 分钟，要先将烤箱预热，虽然烤面包的温度是 200℃，但家用烤箱热能较差，可以开高一点到 220℃。如果家里常烤面包，可以到烘焙材料行买一块烤箱用的石板或专用陶板，或以厚一点的瓷砖代替，功能在于保温，避免因家用烤箱密闭不足、厚度薄，炉内温度容易受外界影响，造成面包膨胀不足。

摄影：舞麦者

进炉30分钟前先将烤炉预热，进炉
约25分钟就可出炉。

发酵好的面团，放进烤箱前要先划线。用刀片在面团表皮划出一个割痕，引导面团膨胀裂开的方向，否则面团会因加热膨胀，而在表皮最薄弱的地方裂开，外形不好看，也影响膨胀效力。面团进炉约25分钟就可以出炉，不过，随时要察看一下，因为电烤箱有辐射热，外皮容易烤焦。面包熟了，拿出来轻敲底部，会有清脆的声音。最好的方法是买一个温度探针，只要面团内部温度超过90℃，就熟了。

面团放进烤箱前先用刀片在面团表皮划一两道割痕，引导面团膨胀裂开的方向，让外形更好看！

Step6

↓

一口一口的美味——出炉降温，享用

出炉后约30分钟的面包最好吃，皮酥脆度够，内部还有丰润的水分。

许多人都听过不要吃刚出炉的面包，原因是：如果用商业酵母或掺有其他改良剂、乳化剂等物品，添加物成分在刚出炉时还没完全挥发，所以不宜食用。但百分百使用野生天然酵母的面包，就没有这些问题，刚出炉也能吃，只是湿度太高，用刀切会粘刀，还是放凉再切，既美观又可口。

出炉后约30分钟的面包最好吃，因为皮酥脆度够；台湾气候湿度大，有脆皮的面包，出炉后很容易吸收空气中的水分变软。野生天然酵母面包还有最特别的优点，那就是耐冻存，不仅风味不减，还能加分。

因此，可以一次烘烤较多数量，一两天内吃不完的分量，可直接冻存；若扣掉烘焙失重，每个才220克左右，一餐内可以吃完，不必先切片再冻存。整个冻存的面包，吃法是先回温再烤。如果当成早餐，可以前一晚拿出来回温，早上直接放到烤箱里烤，不必再喷水，就可以恢复原有的脆皮，内部还有丰润的水分，比刚出炉的面包还好吃。

百分百使用野生天然酵母的面包，不仅刚出炉能吃，还很耐冻存，冷冻后只要回温再烤，皮脆、水分丰润，一样很好吃。

Lesson 2

倾听谷物的声音

大地的朴实，回归原味的感动

记得 2008 年，到澳大利亚塔斯马尼亚拜访面包窑专家 Alan Scott，看到他到杂货店只买全麦面粉，还自己将燕麦压成片状煮粥来当早餐。他说，一定要吃全麦面粉才够营养及健康，市售燕麦片都经过处理，营养不完全，才会不嫌麻烦地自己压燕麦片煮粥。

因为 Alan Scott，我开始接触全麦面粉，才了解其中奥妙，开始追求全营养面包的目标。

面包的主要材料是面粉，台湾早期市面上只有白面粉，没得选择，但随着讲究健康饮食的趋势，逐渐了解全麦的重要性，坊间便有以白面粉回掺麦麸号称的全麦

面粉；其实不算纯正的全麦面粉。面粉的原材料就是小麦，大家所知道的高筋面粉、中筋面粉、低筋面粉、粉心粉等，其实都是小麦粉。

　　欧洲有些面包并非只用小麦粉，还有裸麦、燕麦、大麦等谷物，因应健康取向，被加入面包的谷物更多样化，像荞麦、高粱。我也开发出含有一半紫米粉的紫米地瓜面包，还把大家养生最爱的十谷米*变成面包材料，做出十谷米吐司，相信未来会有更多样的谷物被加入面包里，让爱面包的人，吃到含有多样营养成分的面包。

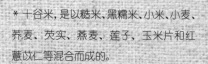

*十谷米，是以糙米、黑糯米、小米、小麦、荞麦、芡实、燕麦、莲子、玉米片和红薏苡仁等混合而成的。

Lesson 2
43

　　一粒小麦主要有三个部分，包括麸皮、胚芽及胚乳，比例各占12.5%、2.5%、85%。按烘焙科学来说，麸皮还可细分为六层，胚芽也可细分为六个部位，胚乳大约是三个部分。

　　不过，我们不必分得那么细，一般而言，市面上售卖的面粉是以胚乳部分磨制而成的。面粉厂制粉时，把小麦加湿研磨，过程中会把麸皮及胚芽分离出来，剩下胚乳部分磨成细粉，再根据胚乳不同部分的粉，调制出不同产品的面粉。

　　全麦面粉是由全粒小麦经过磨粉、筛分等步骤，保有与原来整粒小麦相同比例的麸皮、胚芽及胚乳等成分制成的产品。全麦面粉营养丰富，是天然健康的营养食品。至于以往号称的全麦面粉，其实只是将白面粉掺入先前剔除的部分麸皮，外观看起来有麸皮，却完全没有胚芽营养。

全谷物风潮早在国外风行多年，称为全谷物是因为不只是小麦，各种谷物都有类似构造。米也是一样，早年大家爱吃精白米，后来知道它只含淀粉，营养价值不如糙米，就开始鼓吹吃糙米，或者以糙米加白米一起煮，希望吃到胚芽的营养。胚芽含有重要的维生素 E，尤其是小麦的胚芽，更有每克含量高达 0.2 ~ 0.4 毫克的维生素 E，如果只是为了口感而舍弃不吃，真的太可惜。

喜爱面包的人，常会好奇为什么面粉有高筋、中筋、低筋、粉心粉、杜兰面粉等，这和小麦的种类有关。小麦以颜色区分，分为红麦与白麦；以播种季节不同，可分为春天播种、秋天收割的春小麦，秋冬播种、夏天收割的冬小麦；因硬度不同，可分为硬麦和软麦。一般而言，红麦属硬麦，蛋白质较高；白麦属软麦，相对蛋白质较低。另外，春麦的蛋白质也高于冬麦。我们一直强调蛋白质含量，因为面粉里的蛋白质就是筋度，蛋白质含量越高，筋度就越高，一般制作面包所用的都是高筋面粉，有的甚至使用超高筋面粉。法国面粉有时会考虑到灰分*含量，因为灰分以麸皮的种皮层中含量最多，高达 7% ~ 11%，这一层的蛋白质含量也最高，因此互为参考。

在其他因素相同的情况下，硬红冬麦含的蛋白质中等，可作为全用途面粉（all-purpose flour），用来制作面包及卷饼。硬红春麦是高蛋白质小麦，可作为面包粉。软红冬麦是低蛋白质小麦，磨制成的面粉一般可做成蛋糕、馅饼和饼干等。杜兰小麦是超硬小麦，虽然含有超高的蛋白质，但只能磨成粗粒小麦粉（semolina flour）做面条。

* 灰分指的是食品中的矿物盐或无机盐类，这也是评价营养的参考指标。食品规定有一定的灰分含量，如果含量超过正常范围，代表此食品可能在生产过程中加入了过多的人工灰分。

讲了这么多的小麦常识，主要是让大家了解小麦的分类与面包的关系。真要自己磨小麦面粉，可从网店购买欧洲进口的小包装小麦，看看它的筋度，只要高于 11% 就是高筋小麦，可以自磨做全麦面包。

台湾因气候等因素，生产的小麦属低筋度小麦，适合做面条，如果要拿来做面包，就必须与进口的高筋面粉调和，才能制作面包，而且发酵结果一定难如预期。谈到筋度，就是跟面粉的蛋白质含量有关。各面粉厂生产的面粉，包装上都有标示蛋白质含量，借以分辨高、中、低筋面粉，蛋白质含量高于 14% 的，属于特高筋面粉；蛋白质含量为 11.5%～14% 的，就是高筋面粉，也就是俗称的面包粉；蛋白质含量为 9.5%～11.5% 的，是用途最广的中筋面粉，也就是全用途面粉；最后是蛋白质含量为 6.5%～9.5% 的，为低筋面粉。

在各种麦类中，只有小麦有高筋度，非常适合做面包，其他麦类或谷物如果要拿来做面包，为了口感，就必须与小麦面粉调配。除非可以忍受完全没有软绵口感的德式面包，像德国的全裸麦面包，甚至是德国的黑麦面包（Pumpernickle）。

筋度与面粉的蛋白质含量有关，欧洲进口的小包装小麦，看看它的筋度，只要高于 11% 就是高筋小麦，可以自磨做全麦面包。

裸麦适合在较潮湿及寒冷的气候生长，北欧及中欧是最大生产地，从中世纪就开始栽种。早期，德国等中欧地区民众，做面包多以裸麦为主要材料，随着罗马帝国崩溃，撒克逊人进入英国，将裸麦带入英国，增加了种植面积。但是，随着农业技术精进等因素，小麦也进入北欧地区，取代裸麦成为面包的主要材料之一，一度让裸麦产量下滑。

随着世人重视养生及健康，逐步了解纯小麦面粉过度精细的缺点，裸麦面粉再度受到重视，裸麦产量也跟着微幅上升。目前裸麦是制作面包的第二大宗原料，仅次于小麦，不过，裸麦的产量在谷物中只占第八名，前面依序为小麦、大米、玉米、大麦、燕麦、小米、高粱。

　　燕麦是人们耳熟能详的健康食品，天天吃燕麦可有效降低胆固醇；燕麦是美国食品和药物管理局（FDA）许可的降低胆固醇食物。西方人早就把燕麦视为健康食材，像前文提到造面包窑名人 Alan Scott 就天天吃燕麦，他的厨房里一定有一锅燕麦，还说精制过的燕麦营养已被浪费掉，吃了会更糟。

　　他还补充说明，早期部队用燕麦来饲养马，后来士兵因打仗而精疲力尽，看到马儿还精神抖擞，而且存粮小麦快吃光了，有士兵拿本来准备给马吃的燕麦煮来吃，没想到吃了精神百倍，大家就开始跟马分食燕麦，自此燕麦成为许多西方人早餐必备的食物。

　　Alan Scott 的说法当然像是传奇，但反观国内近年的食材演变，也正是如此。早年许多本来是家禽、家畜吃的食物，或是穷苦人家不得不吃的食物，现在都变成健康食物，地瓜叶就是一例。

大麦是这几年才兴起的健康食品。美国谷物协会这两三年就力推大麦，不断举办大麦产品开发及创意比赛，想尽快打开市场。

美国谷物协会强调，大麦内含高含量的葡聚糖，也是美国FDA认可能降低胆固醇的健康食材。事实上，被称作洋薏仁的大麦，早期几乎没有人会吃，品级较低，先前都是作为饲料。我小时候就曾帮忙煮大麦给鸡鸭吃，随着时代演变，人类吃太多精制食品出现问题后，这些算是粗食的食材，摇身一变成为健康食品。

包括玉米、大米、高粱及荞麦等，都是人类经常食用的谷物。除了玉米制成的玉米粉外，这些作物以往都不是制作面包的材料，而是不同民族的主食，因为这些谷物里没有

面筋（gluten），也非欧洲主要的农作物之一。但是随着农业全球化，世界各地都栽种非原生种的农作物，这些谷物在可增加面包风味及面包养分多样化等因素影响下，也被拿来加入面团，让消费者吃到更有风味的面包，同时也摄取到更多种类谷物的营养。

　　除了小麦以外，我也购买大麦、燕麦、裸麦、荞麦、高粱、紫米等谷类，以石磨低温磨制成粉，再加进面团里增加风味及营养。甚至以不同谷物为主角，做出不同的谷物面包，包括裸麦小麦全麦面包、黑麦小麦全麦面包、以全谷物紫米粉与白面粉1：1制作的紫米地瓜面包，是让大家能吃到散发米饭香的面包。另外，十谷米也不全然是米，还添加麦及中药材，使食材变得更多元，营养素也更丰富。

Lesson 3

面包与器具的对话

善用工具好简单，小兵立大功

　　许多人总认为做面包很麻烦，需要的器材好多，实则不然。当我到塔斯马尼亚，借住在 Alan Scott 家里，他热心教导我如何买面粉、培养天然酵母到揉面团、发酵、进炉烤焙，专业器具只需石窑和电子秤，一样可以做出好吃又营养的面包。

　　从 Alan Scott 的例子，可以确认制作天然食材的面包，需要的器具不用多，因为就材料而言，面包比蛋糕简单，所用器材相对简单。除非想享受购买的乐趣，许多不是必需的器具，其实可以省略不买。如同我一样，也是从家用烤箱开始做起，发酵还用外出冻存食物的冰桶保温，面团就靠手揉，同样可以制作出美味面包。

1.烤箱

　　一般家用烤箱就能使用，重要的是要有上下火独立控温的；不过，这样的烤箱隔热差，保温性不好，影响面包的烤焙效果。

　　这问题并非无解，只要一片厚瓷砖，厚 1～2 厘米的石板或市售现成的陶板当烤盘。因为瓷砖或石板、陶板会蓄积热能，当箱门打开、热气散失后，关上箱门，瓷砖或石板的热能会立即释出，快速升高下降的温度，就能避免影响烤焙效果。热能足且稳定的烤箱，关系到最后的烘焙结果，有好的烤箱，自制面包就成功一半了。

2.不锈钢盆

为了搅拌及称重方便，需要两个直径 30 厘米的大不锈钢盆。另外，可准备两三个小不锈钢盆，如果家中已有许多保鲜盆，也可拿来利用，不必再买。

3.电子秤

家庭制作的面包量不多，电子秤也不必太大，一般电子秤即可。

4.桌上型搅拌机

可以将面团打出筋度。烘焙器材行或网店有许多厂商生产的桌上型搅拌机，可依家庭所需购买。

5.定时器

做面包虽然不是分秒必争，但发酵和进炉都要计算时间，一个可以正数及倒数的定时器相当重要，计时超过两小时以上的最理想。

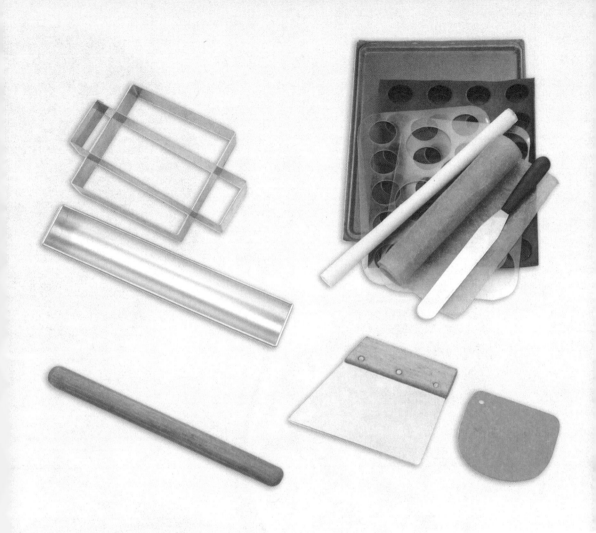

6.刮板或切面刀

如果做面包的数量不多，也可利用刮板当成切面刀使用。

7.烤盘纸

有防粘作用，避免面团直接放烤盘时的粘连难取。

8.隔热手套

烘焙材料行销售的隔热手套即可，方便拿取高温物品或面包。

9.吐司模

想制作吐司形状的面包，可以准备自己所需的吐司模数量。

10.藤篮或帆布

可以放置已整形好、第二次发酵的面团。

做面包，需要器具不多，材料也比蛋糕简单，重点是有一台好的烤箱。所以，除非是想享受购物的乐趣，不然，许多不是必需的器具，其实可以省略不买。

Lesson 4

面包与馅料的美妙关系

揭开食味密码，烘焙口感更丰富

学做面包以后，总有朋友爱天马行空地问我："XXX 可不可以加进面包里？我很喜欢那个味道。"有的听过就一笑置之；有些话则让我认真再思考，如何把朋友喜欢的味道加到面包里，当然啦，其中有不少是我自己喜欢的滋味。

原味面包应只是面粉加水、酵母及盐做成，可以品尝原有的麦香。为了增加面包风味、色彩及营养，各式的水果、坚果等食材都可被尝试加进面包。而对于加进面包里的馅料，不外乎考虑风味、色彩及营养三种因素，关键是控制水分及不破坏面团的筋度。

把馅料加进面包的方法有三种。

第一，称重后与所有材料一起放进搅拌缸里搅拌，像南瓜、香蕉等。这类软质、可以完全打成泥的馅料，会完全融进面团里，面包烤好后，看不到原有食材的形状，却散发浓郁香味（香蕉）或具有鲜明色彩（南瓜）。或者是另一种只想摄取其营养素的食材，例如发芽黄豆，虽只有淡淡的黄豆香味，但其丰富的营养，很适合当成重要的食材。

不过，并非所有食材都能直接加入面团一起搅拌，像菠萝与大量的红酒，就不宜直接加进面团里。菠萝因特有酵素会软化面筋，直接放进面团，最后会打不出筋，导致面团平塌，无法膨胀及塑形。

若加太多红酒，例如以红酒代水，而非用红酒浸泡果干再加入面团，因酒精过多，野生天然酵母会"喝醉"，忘了工作，发酵效果也不佳。或许有面包师傅能克服这难题，但我经几度尝试后都失败，建议果干经红酒浸泡后再包进面团，取其红酒风味但不影响发酵。

切记，用手揉面团，这部分一开始就得跟所有材料一起揉制。

第二，待面团打到出筋时，再把馅料放进搅拌缸。我制作的面包馅料，大多是采用这种方法，这也是做面包最常见的方法。像桂圆核桃、葡萄核桃、能量坚果中的坚果，桑葚香蕉干里的香蕉干，一方面要拌匀，另一方面是因这些馅料不耐久拌，而且会破坏面团筋度，最后再加入搅拌，可以拌匀但不致搅碎。

如果用手揉，一样是把面团揉

出筋度，或揉至自己觉得满意的程度，再把面团摊平，馅料平铺均匀，切半重叠再压平，重复数次，让馅料均衡分布。

第三，在整形时包入面团。这种方法主要是为了保存食材的原形，或让每个面团的馅料成分都一致，例如烤地瓜、蜜红豆、起司等。

像烤地瓜、蜜红豆这类食材，虽然可以在搅拌或揉面团时就一起拌，但没有特有风味或色彩，完全融入面团后，会让人感觉不到它的存在，又不是特别强调它的营养成分，所以就留在最后整形时再包入，可以吃到满口的馅料。

至于起司这类高价食材，本来可以在搅拌后期加入，但总是难以做到绝对均匀，如果加太多，又太抢风味，只好留在整形时，分别称重加入，分布自然均匀。

本土食材入馅妙技巧

台湾生产的水果种类优于欧美各国，适合做馅。不妨以本地农产品作为面包食材，其中有的可作为主材料，有的可以做馅料，方法就是前述三种，思考的方向还是强调风味、色彩及营养。

利用本土食材的巧妙，关键在于如何把要利用的食材做成想要的模式。因为面团有水分比例，还有影响野生天然酵母发酵的环境温度，必须先想好是要一开始就加进去搅拌，还是搅拌完成再加入拌匀，或是整形时再包进面团，根据需要将食材制作成适合的形式。

以紫米地瓜面包的紫米来说，可以先磨成紫米粉，直接加进面粉一起搅拌。若没有石•磨，也可以将米放进高速料理机，加水打成泥，再加面粉打成面团，只是

事先要计算好使用的紫米量和水量，在打面团时，扣掉加进紫米的水，同样可以揉出好面团。如果为了凸显紫米的颗粒美，也可以蒸熟后冷冻，让它粒粒分明，等面团打好再加进去拌匀，就成为有紫米饭口感的面包。

再如香蕉，可以一开始就与所有材料一起打，完全融入面团里，只取香味。如果想吃到香蕉颗粒，可以在整形时再包入切段香蕉，不过，这样的风味较弱。这时可以利用烤箱以低温烤焙香蕉，取得浓郁且水分较少的香蕉干，就可以在面团打出筋度后，再加进去搅拌均匀。

至于蔬菜，也可以加进面包里，只要依着前述三种方法，考虑风味、色彩和营养，就可以制作出自己喜爱的面包口味。

Part 2

酵母之恋

百分百健康野生的天然酵母，
让面包风味更美妙。
跟着简单步骤一起来，
呵护酵母更茁壮，
香气满屋的面包，
即将神奇诞生！

野生天然酵母的藏宝盒

味蕾魔术师，开始上酵母课

　　春、秋两季，吹起凉凉的风时，就会想要再养野生天然酵母。虽然我的酵母已经缭养了三年，但当气温达到23℃的舒爽温度时，养酵母的感觉又不知不觉油然而生，有时会忍不住手痒再动手养一次。

　　记得曾有一位烘焙店的二手师傅专程到舞麦窑参观，由于他积极求知的态度，我和他聊了许久。他想探求的就是怎么养野生天然酵母，怎么去控制它。他曾试图求教于他们的"头手"，他们的"头手"很严肃地告诉他，野生天然酵母是一门很艰深的"微生物学"，要他好好扎根，不要好高骛远。

本页摄影：莽麦著

　　我听了忍不住干笑几声。勉励新人要学好基本功是对的，但把野生天然酵母讲成严肃的"微生物学"，就有点浮夸。我的感觉是那"头手"想留一手，用这名词当挡箭牌。

　　酵母当然是微生物的一种，不过，它没那么神秘，只是大家没有用心去养它，只要像养宠物那般，不要太宠，也不要不闻不问，每家的酵母都能养得"肥肥胖胖、活力无穷"。

酵母是一种兼具动物和植物特性的微生物。说它像动物，因为它要吃东西，没食物会饿死；说它像植物，乃因遇到恶劣环境，它可依靠孢子保护自己，直到环境适合，生命自会再现，继续繁殖。

但为什么要一直强调拗口的名字"野生天然酵母"？其实，那是为了和商业酵母及量产的天然酵母有所区别。国外对于这些名词分得很清楚，但翻译却把它们都翻译成酵母，就搞得混淆不清。就像小麦、燕麦、裸麦一样，我们都加个麦字，但就英文而言，小麦是 wheat，燕麦是 oat，裸麦是 rye，三个词其实无关，虽然都是谷类，但特性完全不一样。就英文来说，并没有直接翻译的野生天然酵母名词，在使用时，他们会说是 starter，描述方法时会说是 sourdogh bread，而一般商业酵母，就是 yeast，这样完全不会搞混，也不会既拗口又让人搞不懂。所以说，野生天然酵母和天然酵母、商业酵母大大不同，但也有许多相同点，因为万流归宗，根源都是野生天然酵母。如同小麦面粉一样，小麦磨出来是全麦小麦面粉，为了使成品口感更好，就调配出粉心粉、高筋面粉，这些粉都是从全麦面粉中抽离部分组合而成的。

野生天然酵母和天然酵母、商业酵母大大不同，但也有许多相同点，因为万流归宗，根源都是野生天然酵母。

① 天然酵母魅力无穷

　　各类酵母的根本是野生天然酵母。存在于自然界的天然酵母包含益生菌和酵母菌，益生菌就像酸奶一样，可助消化，而且其独特酸味能增加面包风味。

　　早年埃及人意外发现，放久的面团会发酵，有点酸，但烤后吃起来口感完全不同，这是面包的雏形，是自然菌落在面团里发酵形成的。此后，面包都用野生天然酵母制作，大家都吃扎实、微酸的野生天然酵母面包。而拜科技发达之赐，加上市场需求，面包烘焙业者想快速做出大量面包，减少制作流程变因，专家就从培养的野生天然酵母里找出活力最强的几株，拿到实验室或控制的环境中，大量培养再制成干酵母或新鲜酵母，这就是商业酵母，它也是来自自然，只是经过纯化，只有单纯的少数酵母种，

Lesson 5

74

无任何益生菌。就如同粉心粉一样，只有淀粉，几乎没有其他营养成分。由于商业酵母只有少数菌种，又没有益生菌，有些人吃了会觉得消化不良，聪明的酵母业者便想到，做出介于野生天然酵母与商业酵母之间的产品，就是商业量产的天然酵母。这有点像是市面上号称的全麦面粉（以面粉加入麦麸）一样。业者发现消费者怀念野生天然酵母面包的风味，在抽离时也抽出部分益生菌，做成像是野生天然酵母，但又不是很完全的天然酵母，这种酵母的好处是有野生天然酵母的风味、好操控，方便业者控制变因进而大量生产。对于喜爱天然酵母风味的人来说，这也是折中且不错的选择。

自然界的天然酵母包含益生菌和酵母菌，可以帮助消化，而且，酵母独特的酸味能增加面包风味。

独特风味挑动味蕾

至于野生天然酵母，就是存在于自然之中的天然酵母，它们像植物一样，寻找肥沃的土地生长繁殖，因此，我们利用水果中的糖去吸引它们，再用面粉续养。说起来，它是复杂的菌落，是个种族大熔炉，不但有不同种别的益生菌，更有难以计数的酵母菌种。也正是因为它是各菌类种族的大融合，才能创造出丰厚风味的营养面包。

如果用人类来比拟的话，就像中国唐朝的兴盛和现今美国的强盛，种族融合是重要因素。料理的好吃与否，丰厚度非常重要，面包也一样。美国旧金山的酸面包 sourdough bread，吃的时候会闻到浓烈酸味，尝起来却没那么酸，撕开面包放嘴里，可以有多层次的味蕾感受。

总的来说，野生天然酵母真的不是那么艰深的"微生物学"，说穿了，和小麦面粉还真有点类似。如果想吃全营养面包，当然是用全谷物的小麦面粉制作，但受限于有麸皮及许多维生素，会影响发酵，口感一定不像大家习惯的软而筋道；如果为了口感及方便制作，那就买高筋白面粉，成功率高，也受一般消费大众喜爱；如果想兼具风味及营养，回调的配方面粉，就是不错的选择。

野生天然酵母就像全谷物的小麦面粉，商业酵母就像白面粉，商业量产的天然酵母就介于两者之间。

选哪种酵母制作面包，没有好坏，只是自己选择。不过，野生天然酵母面包从制作开始，就可让人沉浸在丰厚风味的氛围中，不像商业酵母那般，因为培养及制作酵母过程中加入一些材料，可能会有一股怪怪的味道。

当吃着百分百野生天然酵母制作的面包，会挑起味蕾的生命力，所含益生菌也会让人感到其对身体的好处。这就是为何欧美国家近年吹起复古风，不但采用窑烤、全谷物，更百分百使用野生天然酵母制作面包，为的就是要让大家重新认识古早味面包的好。

Lesson 6

眷恋酵母 舞出活力

亲手呵护，培养自家酵母茁壮成长

爱吃野生天然酵母面包的人，总想自己在家试做看看。当然有许多人是功败垂成，就以为养野生天然酵母很困难。

就如到面包窑来参观的烘焙店主厨一样。他们觉得野生天然酵母应该不是很复杂难懂的生物，而且，很多书都描述得好像很容易，就可招来野生天然酵母大军，结果却总是让人失望。或许是运气好，更或许是选对适合的季节，我在家或在面包窑养酵母都很顺利，因此，每当有人问起养野生天然酵母会遇到的难题时，我会一时不知该如何答话。

真的！养野生天然酵母很简单，就跟养宠物一般，不要太骄宠，也不要太不在意；更像是莳花种草，不能浇太多水，但也不能一直忘了浇水，在家中环境生存的野生天然酵母，就会群聚接受供养，当然也会替主人出力。

所谓工欲善其事，必先利其器。养野生天然酵母要有必要的器具，但只要从自家现有的器具挑选就行，不必再去买专用器具，除非你坚持用有造型的器具才感到心情愉快。

初养野生天然酵母，需要的器材就是干净的容器、水和水果（或果干）、保鲜膜、橡皮筋及牙签。

用什么容器呢？以玻璃罐最佳，例如回收的食物玻璃罐，但是高度要大于15厘米，瘦高形状较佳，不宜太小，才能容下未来的发酵膨胀。另外，玻璃要能透视，才能看到酵母的生长情形。

至于要挑选什么水果，就随缘。因为水果只是提供养分，诱引野生天然酵母住下来并开始大量繁殖，拿苹果、葡萄、葡萄干，甚至拿全麦面粉都可以。有人试过直接拿白面粉加水，一样可以吸引野生天然酵母居住。

请记住，野生天然酵母本身就一直生存在你我的居家环境中，每家都有，菌落组成也不同。喂养野生天然酵母，只是请它们住到我们提供的处所，并提供必要"粮草"，请它们帮我们做点事，起种使用的水果或果干，都只是一个介质罢了。

养酵母的容器以玻璃罐最佳，并且高度大于15厘米，瘦高形状较佳，还要具透明穿透感。

Lesson 6

玻璃瓶里的大军

由于葡萄干是大多数家庭常见的食材，我们就以葡萄干做示范，不论任何品牌都能使用。

为了防止霉菌抢先一步住进酵母的玻璃罐，可以先用热水消毒一下，再以餐巾纸擦拭干净。先以30克为例，拿出些许葡萄干对切，放进玻璃罐中，再称好和葡萄干同重的过滤水或凉开水（避免含氯太高，杀了野生天然酵母菌），倒进玻璃罐里。

其实，只要有营养的食物，野生天然酵母就会群聚大吃大喝，并且大量繁殖，最后组成一支强有力的军队。这里为了方便初养者，才定出比例和重量，有多次经验后，就会发现比例没那么重要，葡萄干的比例高些，没关系，但不能太少；可以先切开，帮助养分溶解，否则酵母大军还没组合成功，霉菌大军鸠占鹊巢，先发霉了，就得重新再来。

葡萄干和水都放进玻璃罐后，先轻摇一下，让葡萄干都浸到水，半浮在水面。如果罐子有瓶盖，就把瓶盖盖上；如果没有，就拿保鲜膜封住瓶口，再用橡皮筋勒紧，最后拿牙签在保鲜膜上轻戳几个洞。到这里就完成了准备工作，接下来就是等待。把玻璃罐放到阴凉地方，因为野生天然酵母喜欢凉爽，根据数据，野生天然酵母的活力在28℃以下最大，超过28℃，活力就会降低，这和商业酵母发酵时都设定在37℃左右不一样。这就是为何我喜欢选在春、秋两季养酵母的原因。

完成准备工作后，就是慢慢等待，但不必时时去察看，一天察看一两次就够了。如果有瓶盖的话，察看时可以打开瓶盖透一下气，也让更多的菌种可以进入。气温高的话，一两天就可以看到葡萄干下沉没顶，水面有一些气泡产生。

1

拿出约 30 克的葡萄干。

2

同样称好 30 克的过滤水或凉开水。

3

葡萄干和水都放进玻璃罐，让葡萄干都浸到水，并盖上瓶盖。

4

也可以用新鲜切半的葡萄，以等比例的水一起放入瓶中。

野生天然酵母的活力在 28℃ 以下最大，超过 28℃，活力就会降低，春、秋两季最适合养酵母。

本页摄影：舞麦者

5

完成准备工作后，就慢慢等待，一天察看一两次就可以。

Lesson 6
85

野生天然酵母内含益生菌和酵母菌两个族群，它们既怕热又怕冷，太热和太冷都会造成活力降低。有趣的是，两个族群喜好的气温层不同，温度高些，益生菌活力较强，繁殖速度比酵母菌快，很容易就酸掉；太冷，酵母菌和益生菌活动力都变弱。所以培养野生天然酵母的最佳室温是16～26℃。

当罐内水面有许多气泡时，就进入第二阶段。

拿出滤网（也可以不用滤网），小心地把含有气泡的葡萄汁液倒出来称重。原有的玻璃罐倒掉葡萄干后，再把称重后含有气泡（摇动后可能看不到气泡了）的汁液倒入原有的玻璃罐，或另外准备体形较大的玻璃罐。接着，称出和汁液一样重的高筋面粉，倒进玻璃罐中，拿搅拌棒轻轻搅拌均匀。再盖紧瓶盖或用保鲜膜

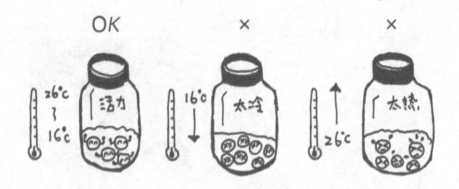

封口，用牙签刺几个小孔，放到阴凉处，等待野生天然酵母利用面粉养分繁殖出大军。

喂了面粉的汁液，夏天要静置约 8 小时以上，冬天可能要等到第二天，就可以看到湿面团里有许多大气泡，而且开始膨胀长高。由于野生天然酵母吃光面粉的养分后，活动就停止，不再产生二氧化碳撑住面筋气室，湿面团就会下降。

而玻璃罐壁会留下湿面团的痕迹，因此，看到湿面团长到最高再下降时，显示罐内野生天然酵母菌已繁殖到最大量，迅速吃光了养分，处于饥饿状态，此时必须立即再喂养面粉，菌量才会迅速壮大。第二次喂养的面粉与水的比例，就可改为跟平时要用的烘焙百分比一样。我习惯维持 70%，也就是水是面粉的 0.7 倍重。至于面粉需要多少，就看要做的面包数及续养容器大小而定。

喂了面粉的汁液，夏天要静置约 8 小时以上，冬天要等到第二天，就可以看到湿面团里有许多大气泡，开始膨胀长高。湿面团长到最高再下降时，显示酵母菌已吃光了养分，必须立即再喂养面粉，菌量才会壮大。

Lesson 7

活泼酵母的启蒙课

亲自动手做，神奇尽在不言中

本页摄影：舞麦者

知易行难，凡事只有动手做，才学得最快。既然知道野生天然酵母的优点，先前也说过养酵母不难，那就跟着动手在家养酵母吧！

话说酵母和细菌一样，存在你我生活的空间里，俯拾皆是，所以要养野生天然酵母就要设法抓来养。可是那么细微的生物怎么抓，又不是上山打猎，可以硬来。对于微小到让你看不到的生物，唯一的方法大概就是利诱吧。

驯养酵母四阶段

Step1

① 开始诱养酵母

诱捕酵母的最佳方法，当然就是用食物，考虑到方便性，就用葡萄干。材料也很简单，准备高瘦的玻璃罐、葡萄干50克、过滤水50克、保鲜膜、橡皮筋、牙签。如有瓶盖，就不必用保鲜膜和牙签。

玻璃罐先用开水烫过，清除里面可能有的杂菌，再用餐巾纸擦干。把葡萄干放进玻璃罐内。把过滤水倒进玻璃罐内，轻轻摇几下，破坏水的表面张力，让葡萄干都能浸到水中。

盖上瓶盖或用保鲜膜封住瓶口，再以橡皮筋束紧，拿牙签在保鲜膜上轻刺约10个小洞。把玻璃罐放到阴凉处。温度最好是在20～26℃。第二天，观察一下，应该还没气泡，如用瓶盖封住，就打开瓶盖透一下气再盖上，顺手轻摇几下，让葡萄干能完全浸入水中。使用保鲜膜就只要轻摇即可，因刺有气孔，就不必再拿开保鲜膜。

第三天，依前项动作再做一次。直到看到葡萄干之间出现气泡，就不必再摇。但还是要开瓶盖透气，防止发酵过强，玻璃罐爆裂。经七天左右，葡萄干之间已有不少气泡，表示诱引野生天然酵母战术成功，准备进入第二阶段。

———————————

诱捕酵母的最佳方法，当然就是用食物，考虑到方便性，葡萄干是最佳选择。

———————————

1

清洗干净的玻璃罐，依比例加入葡萄干或新鲜葡萄、过滤水，盖好瓶盖。

2

第二天应该还没气泡，如用瓶盖封住，就打开瓶盖透一下气再盖上，并轻摇几下。

3

第三天，依前项动作再做一次。

4

到了第四天，已有些许气泡产生。

5

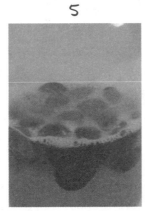

第五天，已明显产生较多气泡。

6

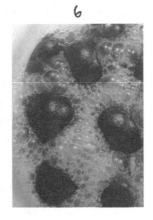

经七天左右，已有不少气泡，表示诱引野生天然酵母战术成功。

本页摄影：弄麦者

Lesson 7

Step2

↓

续养酵母小妙招

进入第二阶段前，请先准备一些面粉、玻璃杯一个、搅拌棒、电子秤。

把玻璃罐中已有气泡的汁液轻轻倒入玻璃杯，称汁液重量。把葡萄倒掉，不必清洗，直接把称过重的汁液倒回玻璃罐，再称好与酵母汁液同重的面粉，倒进玻璃罐轻轻搅拌，直到完全成糊状。盖上瓶盖或是用保鲜膜封住，这次不必刺气孔，同样放到阴凉处。约8～12小时，就可以看到玻璃罐中的面糊已剧烈膨胀，中间有许多气孔。

第二天，再称100克面粉及70克的过滤水，先加水到已膨胀到最高并开始下降的发酵面糊中，搅拌均匀后再加入面粉，搅拌均匀。盖上瓶盖，放置阴凉处。

第三天，玻璃罐如果不够大，罐内酵母面糊可能会冒出罐外，甚至挤开瓶盖。这表示，诱养野生天然酵母成功，可以拿来做面包了。

请大家注意，第二次加面粉和水，我习惯用面粉与水的比例为1：0.7，那是为了方便之后做面包。就烘焙百分比来说，面粉是100%，水就是70%，所以采用同样比例续养野生天然酵母；如果觉得太湿，也可以改变比例，水放少一点，续养时就以同样比例操作，可以减少制作面包时的变因，不必一直调整面团的干湿度。

1

把玻璃罐中已有气泡的汁液缓缓
地倒入玻璃杯，称汁液重量。

2

取出与酵母汁液同重的面粉。

3

将汁液倒进面粉里轻轻搅拌，直
到完全成糊状。

4

将面糊放入瓶内，盖上瓶盖，放
到阴凉处。

喂养酵母的面粉与
水比例，以烘焙百分比
来说，面粉是100%，
水就是70%，所以采用
同样比例续养野生天然
酵母，但也可视各人喜
好调整。

5

经 8 ~ 12 小时，就会看到罐中
的面糊已剧烈膨胀。

本页摄影：舞麦者

Lesson 7

刚培养好的野生天然酵母，可以直接加入面粉中制作面包，此时酵母面团所占的烤焙百分比一般为面粉重的 20%～30%，Lesson1 中所提的比例是取中间值，故为 25%。若以面团总重来计算，野生天然酵母面团的量占总面团重的 10%～15%。

请千万记住，只能多做，不能少做，否则野生天然酵母面团用完了，就糠大了。万一怕真的用完，就请先保留 10 克或 20 克当作面种，面团里少个 10 克野生天然酵母面种，影响不大，但这样就可以续养，不必重头养起。

一般家庭不会天天做面包，但野生天然酵母大军虽不工作，却依然需要"粮草"，所以，每次留下的面种不必太多，养太多兵马会吃太多"粮草"，既浪费又不环保。建议保留约 100 克，直接放进冰箱冷藏，降低野生天然酵母的活力，还可以让它们维持一周的能量。

野生天然酵母放进冰箱冷藏，之后维持一周喂养一次即可。每次喂养时，将 100 克面种从冰箱内取出，去除 50 克，再称 100 克的面粉及 70 克的水，加进剩余的 50 克面种里搅拌均匀，封好，直接放到冰箱冷藏。

举例来说：以一次做 10 个 250 克重的面团，面团总重是 2500 克；野生天然酵母面团的量为面团总重的 10%～15%，也就是 250～375 克。

Step4

冻藏酵母菌种

　　如果长时间不做面包，每周喂养很浪费食材，可以把面种直接拿去冷冻，冷冻三个月应该没问题。

　　野生天然酵母是生命力很强的生物，遇到恶劣环境，外层就有保护作用，像进入冬眠一样，冷冻不会完全杀死它，甚至高温烘烤还会有菌种存活下来呢。所以，野生天然酵母面包放在室温下会逐渐变酸，是因为没被烤死的野生天然酵母回到合适的温度又开始繁殖，不是坏掉，只是风味更强。

　　不论是放入冷藏室还是冷冻室的面种，因为活力不足，都不能直接拿来加进面团。就像休息太久的军队一样，筋骨没拉开，就没战斗力，要先操练一次，才能上战场。冷藏的面种不必回温，但冷冻的面种在续养的 8 小时前，得先拿到冷藏室回温。

　　为了增强活力，最好在做面包的前两天再重新续养野生天然酵母，制作面包前 8 ~ 12 小时（依季节而定），再搅拌好制作面包所需的野生天然酵母面团，并且不要放入冰箱，就在室温下发酵，等到酵母面团膨胀到最高并开始下降时，就是做面包的最佳时刻。

　　不论是放入冷藏室还是冷冻室的面种，因为活力不足，都不能直接拿来加进面团。为了增强活力，最好在做面包的前两天，再重新续养野生天然酵母。

1

从罐底就可以看到酵母面团的孔洞。

2   3

野生天然酵母的发酵情形。   拉起面团可看到气室密布。

4   5

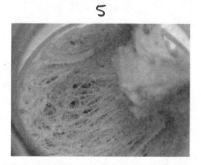

分别用新鲜的葡萄、葡萄干培养酵   发酵良好的内部情况。
母的发酵情形。

本页摄影：舞麦者

Lesson 7

本页摄影：弄麦者

野生酵母小学堂

随着科技的发展，会觉得这个世界好像越来越复杂，越来越难懂。不过，这好像不是定律，因为，许多简单的事反而越复杂，就像野生天然酵母一样，它们是存在于生活周围的生物，除了无菌室，我们躲不开它们。就生理构造而言，它们只是简单的生物，但是在烘焙界里，它却成为最复杂的事，各家说法不一，各有各的理论，自成一套系统。

因此，在美国、澳大利亚等地，有的烘焙坊强调他们的野生天然酵母是传自欧洲上百年老店的野生天然酵母，风味最足；有的拿不到传承百年的野生天然酵母，标榜他们的酵母最多样，因为他们利用不同水果或谷物，培养出不同风味的野生天然酵母，让面包有淡淡的水果香。

有些事，只要信其有，信心就增加，做起来更快乐。烘焙师傅如果虔诚地相信自己奉行的理论，也可以做出力所能及的好面包。

就像野生天然酵母一样，如果深信自己使用的是传承百年的野生天然酵母，充满信心及幸福感的烘焙师傅，就能做出最好的面包。如果深信自己有多样风味的野生天然酵母，可以做出散发不同果香的面包，相信也可以把烘焙师的功夫发挥到极致，做出自己满意的面包。

Q: 百年野生天然酵母真的那么神吗?

根据外国的烘焙教科书及相关书籍,美国的科学家曾就传承百年的野生天然酵母进行分析。他们向欧洲传承百年的面包店,拿取野生天然酵母样本,再一一分类检视有哪些益生菌和酵母菌,接着带回美国继续喂养,定期取样并分类、检视列表。

让他们感到意外的是,欧洲传承百年的野生天然酵母,到美国后开始变种了,内含的益生菌和酵母菌,部分继续存活,部分变得不一样。也就是说,欧洲传承百年的野生天然酵母,因环境、湿度及温度等改变,经过时日,已经不再保有原来样貌,变成美国某地的野生天然酵母了!

就科学而言,这是合理的,因世界各地环境不同,空气中强势的益生菌和天然酵母都不一样,A菌适合在甲地生存,不见得适合在乙地生存。所以说,传承百年是个意象,却不见得那么真实。

不过,在自家养的野生天然酵母会像酒一样,越沉越香、越养越乖,虽然没科学理论,但就个人经验及逻辑推论,这是合理的。因为既然是天然野生酵母,就是优胜劣汰的物竞天择结果,经过越长时间,适合生存的酵母就越旺,不适应的被淘汰。又如苹果树一样,在日本等温带地区的苹果就是好吃,但移到台湾种植,虽经多方改良,口感及甜味、风味等就是比不上原产地的苹果。

Q: 不同食材养的野生天然酵母真有不同风味吗?

随着野生天然酵母面包风行,台湾也吹起自养野生天然酵母风潮。众所周知,要养野生天然酵母方法只有一种,但起种用的材料又是五花八门,有人用全麦小麦面粉,有人用葡萄干,有人用新鲜苹果,有人用新鲜葡萄,不一而定。

传言说用不同食材养出来的野生天然酵母,就会带着那种食材的淡淡风味。这样的说法只答对某些部分,那就是,如果每次都是使用新的起种野生天然酵母,那就可能带有淡淡的食材味,不过,如果使用的是续养的野生天然酵母,食材香就会越来越淡,甚至完全没有。

利用野生天然酵母做的面包会散发食材的淡香,原因是在起种时是把食材泡在水里,这些含有野生天然酵母的水,最后拿来加入面粉,水本身就含有原食材的味道,拿来当酵种,当然就会有起种水果的香气。如果酵种加水和面粉一直续养,原有水果风味不断被稀释,几次以后,气味当然"荡然无存"。

有一种状况确实会有起种食材的风味,那就是每次都是重新起种,不使用续养的酵种,使用新起种酵种的面包,就可能存有起种食材的风味。

Q: 养野生天然酵母为什么会发霉？如何避免？

大家应该知道，霉菌喜欢居住在有营养、潮湿、高温的环境，和我们培养野生天然酵母的环境相同，当培养瓶里有水、有养分，温度又不低，霉菌也会与野生天然酵母共同生存。不过，两者的特性并不相同，最重要的是两者的需氧量不同，所以，要避免霉菌并非难事。

首先，使用的玻璃罐要用开水先烫过，去除已先附着在玻璃罐内的杂菌。接着，浸泡起种食材的水，要用煮开过的凉水或是除掉氯气的水，以免氯气妨害天然酵母的生长、繁殖。水量也要注意。虽然水与起种食材的比例可以随性变化，但水的高度至少应是起种食材的两倍，要让起种食材能浮在水面且与底部有段距离，让起种食材可以完全没入水中。

这是因为霉菌的需氧性高于酵母菌及益生菌，浮出水面的食材因为湿度高且有养分，会成为霉菌生长的最佳环境。起种食材如果完全浸入水中，就可防止霉菌生长。有些起种食材密度小，必定会浮在水面，露出部分面积。要解决这个问题，就是每天打开瓶盖或保鲜膜，轻轻摇几下，让水覆盖过起种食材，就可以避免发霉。

Q: 培养野生天然酵母的容器用什么？

从科学角度说，只要是能装水的容器都可以，但为了方便观察且提高成功率，最好使用高瘦的透明玻璃瓶，有无瓶盖皆可。

至于使用高瘦形玻璃瓶，这是经验累积。有不少朋友培养酵母失败，追问之下，才发现他们谨守网络上配方的数据，使用矮胖的玻璃瓶，因为水不够多，起种食材就"站"在水中，有大半面积露出水面，酵母还没繁殖成功，霉菌已先进入。高瘦玻璃瓶可以增加水深，让起种食材完全浸入或漂浮在水面，自然能防止霉菌滋生的问题。

Q：第一次喂养面粉的时机如何掌握？

野生天然酵母的繁殖跟气温有绝对关系。根据国外研究，野生天然酵母繁殖最快的温度是28℃，温度上升，繁殖速度就减缓，温度下降也一样，0℃以下时繁殖就停止（但不会全死喔）。

因此，喂食培养野生天然酵母的最好时间，并无绝对数字。夏天放置阴凉地方，3～5天即可；冬天就要一周左右，寒流来袭时还要更长。如果是初次喂养的人，可选择春、秋两季培养，因温度适中，成功率较高。

至于气泡多久才产生？一样没有标准答案。其实，开始出现气泡，就显现瓶内已有野生天然酵母居住且繁殖，它们吃了起种食材的养分，消化后才会出现气泡，这时候马上喂养面粉，就能成功，只是初次喂养的爆发力可能不大，但重复喂养几次，效力就会相同。

Q：取得液种后，喂养面粉的正确比例为多少？

培养野生天然酵母的罐内液体，如果已出现许多气泡，代表已有大量的野生天然酵母，可以过滤出来开始喂养面粉。刚开始喂养时，面粉与水的比例是1:1，这种比例会让面团像面糊，也能让野生天然酵母生长得较快。请注意，第一次喂养的野生天然酵母面种会出现喷发的现象，所以要用大一点的容器，以免溢出，时间大约需要 8 小时。

等到面种涨到最高并开始下降时，就代表可以再喂养了。这一现象显示瓶内酵母已吃光了养分，正值兵强马壮、兵马最多之时，再不喂食，食物就不够吃了，这时再喂养可以让酵母总数倍增。第二次喂养的比例，并没有绝对的标准，国外烘焙坊有的用液态面种，有的用干面种。既是天然就随性吧，不过，为了方便，还是采用固定比例较好，也方便做面包时计算配方水分的比例。建议比例为水是面粉的 70%，等于说，面粉 100 克、水 70 克。之后的续养也如此，使用固定比例，就能精算出烘焙百分比。

Q：野生天然酵母喂养相隔时间多久为好？

野生天然酵母面种里面，有活跃的酵母和益生菌，它们一直努力吃食并繁殖，食物吃光了，就会开始衰亡。由于气温会影响活力和繁殖力，喂养时间就跟气温有关。在一般室温下，夏天喂养的间隔要更密集，冬天可以撑久一点。

只是一般家庭不可能天天做面包，野生天然酵母的续养，就要依赖现代化的冷藏技术。喂养后的野生天然酵母放进冰箱内冷藏，之后维持一周喂养一次即可。冷藏过的野生天然酵母要再使用时，就必须先经过一次的喂养才能使用，若拿出来直接用，效果会差很多。这像部队一样，后备部队上战场前要先训练，经过训练才能送上战场，否则松散惯了的部队的战斗力，远不如在战场上一直征战的士兵。

Q：长时期不用的野生天然酵母，该如何保存？

酵母菌和益生菌是很坚强的生物，遇到恶劣环境有的会死亡，有些会形成自我保护层，等到环境转好后，脱去保护层继续繁殖。如果长期不使用，可以把野生天然酵母面种放到冷冻室保存，放个半年、一年都没问题。但要注意的是，经过冷冻的野生天然酵母面种，剩下的兵将已不多，回温后一定要经过两次以上的再喂养，待其恢复活性后，才能拿来做面种使用，可避免重新培养的麻烦。

Q：面包的野生天然酵母面种比例为多少？

一般烘焙坊使用商业酵母或量产的天然酵母，都有一定的比例，但要添多少野生天然酵母面种，却没有绝对标准。以个人经验而言，若针对烘焙百分比，野生天然酵母面种为面粉重量的20%～30%，因为各家的野生天然酵母面种活力不同，使用的比例就会有差距，如果不怕酸味，多加一点，活力当然更强。

Part 3

手感之恋

揉、捏、拍、打与呵护，
带着制作惊喜的雀跃心情，
为自己，为家人，为朋友，
制作出带来幸福的面包。

动手烘焙出人生乐趣

知识教战守则，准备大展身手

　　烘焙面包最关键的器具就是发酵箱和烤箱，当然啦，还有一件事让有纤纤玉手且无缚鸡之力的朋友们感到苦恼，那就是揉面团。其实，这都是小问题，"No Problem"。我在早期就是利用自家的30升小烤箱烤面包，没有发酵箱，就拿外出用的保温冰桶凑合着用；至于揉面包，欧美早就流行免揉面包，尤其喜爱口感较不太筋道的"面包控"更是风行此法。

先说烤箱，常有人问，烤箱要多大？其实，只要能容得下面团，而且面团顶端距离上发热管 10 厘米以上，能分别控制上、下火温度的就行。大多数的家庭都有这种烤箱，但如果想要有"职业级"的感觉，就到烘焙材料店买个八千元（新台币）左右的烤箱，例如有名的 Dr.Goods 半盘烤箱，就很好用了。

如果想让效果更好些，也不必跳级去买更职业级的烤箱，国外烘焙坊都建议去买块石板，或放块厚磁砖。我以前也买石板放在二手烤箱中，但台湾近年来的烘焙课与陶瓷业渐渐发达，已有莺歌陶瓷业者做出专供半盘烤箱使用的陶板，只要照着说明放在烤箱底部，就能发挥出意想不到的效果。

热能掌控美味的关键

许多人会问到烤箱大小的差别在哪里？告诉你，就在热能。这样说，还是有许多人搞不清楚，简单地说，就是烤箱内部能蓄积的温度到底有多高。例如市价两三千元（新台币）的烤箱，一样有上下火，由于热能较小，加上隔热不佳，虽然控温器上标示220℃，但中心温度大约只有150℃。

像 Dr.Goods 这样的半盘烤箱，烤箱内的热能散失较少，放进面团后，中心温度就能升到180～200℃，这是欧式面包较适宜的温度。由于烤箱的前门是玻璃，隔热效果差，若加入石板来蓄积热能，箱内温度可相对稳定。尤其当我们禁不住好奇打开那扇门时，热能会迅速散去，再度关上门，陶板蓄积的热能可以快速补充，箱内温度不会有剧烈变化，烤出的面包自然好吃。这也就是加石板后预热时间要加长的原因了。

另外，控制温度升高跟烤面包有什么关系呢？众所周知，面包会膨胀是因酵母菌转化面团里的糖类时，会产生二氧化碳，这些小气泡因为面包的筋度在面团里形成一个个隔离气室。当空气遇热就膨胀，而且气体的膨胀速度最快，瞬间高温会让热快速渗进面团，里面的气室就会膨胀，让面团既长大又长高。

烤箱内部核心温度越高越稳定，面包烤烘效果越好。当然啦，如果能买一台附石板、蒸汽的专业烤箱，就能做出跟面包店一样好吃的面包了。只是，这样会很占空间，除非真的是烘焙迷，否则不必那么费力。

摄影：舞麦者

烤箱内部核心温度越高越稳
定，面包烤烘效果越好。因此在
烤箱内加入石板来蓄积热能，箱
内温度就能相对稳定。

Lesson 8
111

冰箱化身发酵箱

摄影：舞麦者

有不少喜欢烘焙的人，会烦恼没有发酵箱。其实，在自家做面包，数量通常不大，大可不必为了做一点点面包而去买发酵箱，如果大家都要按照面包店的配备，恐怕家里就得隔出一间面包工作室了。

发酵箱的用途是让面团在稳定合适的温度下发酵，使野生天然酵母菌能快乐且快速地繁殖，并转化成糖类。这里教大家使用的是自己养的野生天然酵母，第一阶段的长时间低温发酵，就可借助家里的冰箱，方便又不必再花钱。

比较苦恼的是第二阶段的发酵。由于需要低于26℃、高于20℃的温度，夏天太热，发酵太快会酸，吹冷气有时会难以控制；冬天太冷，发酵时间过长，过程无法控制，若常温发酵过久，最后也可能会过酸。此时，既省钱又好用，家里外出冰饮料的冰桶就可以派上用场啦。

冬天天气冷，不论是续养酵母还是第二次发酵，都可把面团或酵母放进冰桶，视气温倒一杯或两杯热水，也放到冰桶内，盖上冰桶盖，就是一个简易发酵箱了。夏天太热，可以拿些冰块放在底部，但盖子要微开，以免温度过低，使酵母冬眠了。

最后要讲到揉面团。因为我们的方法是采用低温长时间发酵，面团就不需揉得太出筋。一般而言，如果用手揉，大概 15 分钟，甚至 10 分钟就已足够。当然，揉捏时间没有标准，若想要口感筋道，就揉久一点，把筋度揉出来；若不喜欢太筋道，就少揉一会儿，甚至可以不揉。

把所有食材与水拌均匀，就可以放到冰箱里低温发酵，隔天拿出来升温发酵，从称重、切割、整圆到整形，再放进去烤，步骤与之前完全相同。

事实上少了手揉，面包的烤焙效果一样好。也就是说，烤出来的效果和手揉 15 分钟完全相同，只是口感稍有不同，少了筋道而已。所以当懒得揉面团时，也不必担心，一样可以做出够味又好吃的面包。

少了手揉，面包的烤焙效果和手揉 15 分钟完全相同，只是口感稍有不同，少了筋道而已。

◉ 九步骤练习做面包

有没有这样的经验，到面包店刚好遇到面包出炉，大家通常会陶醉在空气里弥漫的淡雅香味里，这种让人愉悦的感觉，促使很多人想自己试做面包。

在家做美味的面包虽是许多人的梦想，却又觉得遥不可及，担心家里器材不够，技术不好。这样的考虑当然没错，但器材和技术，只会影响最后质量的一小部分，自己动手做，知道自己用了什么食材，还可以享用美妙成果，那种快乐和成就

感，可以大大抵消那一点点的质量落差。在家做面包，以一般家庭来说，现有的器材已经足够，而最重要的是烤箱。如果有专业烤箱当然最理想，不然家里一般能烤鸡的烤箱就可以了。

现在，我们以制作 6 个面团各重 300 克的核桃葡萄面包做范例，带大家进行手作练习。为了提高成功率，以全高筋面粉为主，不添加杂粮或其他全谷物粉，请大家跟着步骤做，希望大家第一次练习就能成功！

⬇

拌面团前12小时

请先准备旧面种40克、面粉105克、水75克。如果是冷冻的野生天然酵母面种，需提前一天拿到冷藏室回温。冷藏的面种拿出来后要先翻养一次，翻养就是回温后喂食面粉与水，让它发酵约12小时。

我们惯用的野生天然酵母面种占总面团重的10%，6个300克面团需要180克的面种，因此，拿出约40克的旧面种，先加进75克的水，稍微搅拌后，再加进105克的面粉，揉匀（不必出筋）后，放在容器内密封静置，等待野生天然酵母菌的大量繁殖。

Step2

⬇

拌面团前30分钟

拿出葡萄干90克及核桃90克，用水冲洗后，再用过滤水浸泡，水面淹过食材即可。

先准备高筋面粉820克、面种180克、黑糖41克、初榨橄榄油24克、盐12克。把泡葡萄干及核桃的水沥出，沥出的水再加过滤水到574克。

先把水倒进不锈钢盆里，放进天然酵母面种捏散，再加入黑糖、盐、初榨橄榄油，轻轻搅拌至糖和盐溶解，最后把面粉倒进不锈钢盆，搅拌直到粉水完全混合成面糊。把面糊移到操作台上，但要先撒面粉防止粘连，开始用力不急不慢地揉面团。面团到底要揉多久，要由个人口味决定。如果想要口感筋道，就揉到有"玻璃窗"的效果；想吃欧式风味的，只要揉20分钟，到有光亮即可，当然个人力道和技巧也有影响。但是，揉得足够与否，对最后发酵的结果影响并不大，就如前述，只是口感不同，国外还有人力推免揉面包，完全依赖酵母菌帮忙分解面粉形成筋度呢。面团揉得差不多，就把它压平，再把沥干的葡萄干及核桃均匀铺上，用手轻压到面团里，再对切、重叠、再揉、压平、对切、重叠，重复三四次，让馅料能均匀分布。

面团揉捏时间的长短，没有标准，不管揉得够不够，对最后发酵结果影响不会很大，只是口感稍有不同。

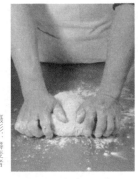

摄影：舞麦者

Step4

⬇ 第一次低温发酵

把揉好的面团放入密闭容器，或是放到不锈钢盆里，再用保鲜膜封住，放到冰箱里低温发酵。时间要8小时以上。

Step5

⬇ 烘焙前5小时

把冰箱里的面团拿出来回温。夏天放在空调房里，冬天放在比较温暖的地方，若是寒流来袭，可以把面团放到保温箱内，再放一杯温开水保温。请注意，回温空间的温度最好不要超过26℃。

Step6

⬇ 烘焙前1.5小时

先在操作台上撒面粉，把回温且已发酵的面团放置其上，开始分割，每个300克，再整圆并静置。

面团静置约 15 分钟后，开始整形，想做什么形状随自己的喜爱。方法很简单，只要把面团压平，再把它慢慢卷起来即可。做好后，放在撒了粉的烤盘或帆布上，等待第二次发酵，约 60 分钟。

Step7

⬇ 正式启用酵母

Step8

⬇ 烘焙

烘焙前 40 分钟打开烤箱开关预热，上下火约 210℃。拿刀片在第二次发酵已完成的面团上划几刀，再放烤箱烤 25 分钟。刚入炉时，可往炉内喷些水雾，增加表皮厚度。烤 25 分钟至面包表面呈咖啡色即可取出，轻敲底部如有清脆的声音，就是熟了；也可拿温度探针刺入面包测试，如达 90℃以上就是熟了。

将烤熟的面包取出放凉，20 分钟后，就可享用了。请记住，欧式面包要切片吃，才能享用外脆内软的滋味。若隔天才享用，因为野生天然酵母面包含水量高，再进烤箱回烤，风味依旧不变。

Step9

⬇ 放凉

摄影：舞麦者

　　学做许多事，第一道关卡就是动手做，第二道关卡是锲而不舍，如果有热情，多试几次，终究会成功的。如果一试再试都不成功，那……真的，就去买来吃吧。

　　看完"九步骤练习做面包"，还是觉得满腹疑问，担心做出的是面饼，而不是面包。真的不必怕，只有动手做，才会发现自己也很厉害；如果第一次练习失败了，那是普通厉害；再不成功，那就是比较不厉害，但一样是厉害一族。

　　只要愿意试，一定能成功。还有，很重要的一点就是不要指望在家里能做出跟面包店一样的面包，重点不在技术，而在器材。面包师傅如果只能利用自家器材，就做不出跟店里相同的面包。

　　既然疑问那么多，那就看看是否遇到以下的问题，又该如何解决。

Q：材料重量是否要完全符合配方表?

　　烘焙并不是严谨的科学，所以西方烘焙书籍最早都使用量杯、量匙，或非数字显示的秤，说明烘焙配方表只供参考。

　　再者，每家面粉的含水量不同，每个品牌的面粉湿度也不同，都会影响水量的使用。不过，初学者最好是按表操作，按照配方表上记载的数量称重，至于面粉含水量的差异，对用天然野生酵母做面包的人来说，影响并不大，可以不必考虑。依个人经验，最重要的是水量要精准，因为水会影响面团操作的难易度，太湿黏的面团对初学者而言，有时会像梦魇，粘得两手不知如何使力，只好一直加粉，最后却太干，或是面团里会夹进太多未揉过的面屑，出炉后会吃到面屑。

Q：野生天然酵母一定要翻养吗？

如果家里常做面包，喂好的野生天然酵母放在冰箱，因为活性降低，粮草还够让它们存活一周，只是到了后期，"粮草"已经吃光，兵力开始损耗，战斗力变得不佳，如果直接拿出来使用，发酵力可能会不够。

不论是我在澳大利亚拜访的面包店，或是自己的面包窑，野生天然酵母至少两天使用一次，但我都会先翻养一次，唤醒沉睡的雄狮兵团、增加战斗力后再使用。所以，做野生天然酵母面包比使用商业酵母面包更麻烦，必须再增加翻养一次的程序，在搅拌面团前 12 小时拿出来加水、面粉并搅拌均匀，等发酵到最高并开始下降时，就是发酵力最好的时刻。

Q：做面包一定要用冰水吗？

最好是用冰水，除非是寒流来袭、温度已经够低。使用野生天然酵母做面包，不怕温度低，就怕温度过高，因此建议使用冰水。

一般使用商业酵母的面包店，因为怕温度太高或太低，温度太高容易酸掉，温度太低会影响酵母发酵时间，就会计量面团最后的温度，精算加的冰量。而使用野生天然酵母做面包，若是遇到寒流、室温低于16℃，可以直接用过滤的自来水，否则最好使用冰水。原因在于，室温低，揉面团时面团温度不易升高；温度若高于28℃，面种里的益生菌繁殖得比酵母菌快，很容易有酸味。

Q：揉好面团的最后适当温度为多少？

许多面包教科书都有提到，揉好面要测温度，那是大量生产必要的控制因素，但在家做就不必那么严格。因为揉好的面团要放到冰箱里过夜，冰箱里的温度是4℃±2℃，因此，揉好的面团温度只要高于6℃、低于20℃就可以。

为何要低于20℃呢？因为揉好的面团虽然直接放进冰箱，但面团是慢慢地由外往内冷却，核心温度并非立即下降，面团温度如果太高，在下降的过程中，益生菌可能会先大量繁殖再冬眠，等到隔天回温时，大量繁殖的益生菌再以倍数繁殖，最后可能会产生酸味，这也是建议使用冰水的原因。

Q：冷存面团时用什么器具？

选择不锈钢材质的器具最理想。主要是不锈钢器具的热传导性比较好，塑料盆有隔热效果，关系到面团放进冰箱中温度下降的速度，以及隔天回温的速度。使用不锈钢器具，不论是冷存或是回温效果都比较好。

Q: 让面团不粘手的撒粉方法是怎样的?

对正规的面包店而言，做面包过程中，很讲究避免面团粘手的撒粉技巧，许多面包训练机构，更是训练出只撒出一层薄薄面粉的技术。这是因为商业酵母面包的面团含水量较低，加上整形后到进炉烘焙的第二次发酵时间较短，夹进面团的面粉来不及吸水，会造成面包出炉后含有生粉。若使用野生天然酵母做面包，因其含水量高，整形后到进炉前的时间比较长，就不需那么讲究。撒粉的技巧是，抓起面粉、稍微用力，从45度角往左撒（右撇子），目的是让面粉散开，不要集中成一坨就可以。

Q: 第二次发酵的时间是多长?

这个步骤其实是关键，也必须靠感觉，连舞麦者的功力都还没练到一眼就看出的地步。不过，在春、秋两季，大约是30分钟；在夏季，大约一小时；冬季约两小时。关键在于观察面团是否稍微膨起，不是膨胀一倍喔（商业酵母面包才会膨那么高），大约膨胀 1/3 就可以准备烤了。这同时也是欧式面包扎实的原因。使用全野生天然酵母做的面包，不像商业酵母面包那么膨软，个头看起来虽然不大，但重量可都是沉甸甸的呢。

Q: 进炉前一定要划面皮吗?

面团进炉前，用刀在表层划一道切口，主要是要引导面团在烘焙过程中，能在指定的位置裂开，而不是在表层最薄弱的地点裂开，一则为了美观，再则是因为有膨胀力，划线可以让面包胀得更大。

由于目的在于美观和膨胀，其实要如何划线并无限制，任何形状随个人喜好。欧洲早年因为使用公共烤窑，为了方便辨认各家面包，就利用不同线条作为标志。就像法国知名的普瓦兰（Poilane）面包店，就以P字形作为标志，看到P字就知道是普瓦兰生产的面包。

Q：划线一定要使用专业的刀吗？

面包划线当然有专用的刀，也就是长得像旧式刮胡刀一样，只是有点弯曲，以便斜角划线能划出薄薄的一层面包，出炉时能有漂亮的曲线。

不过，不是每个面包师傅都使用这样的刀具，有人用手术刀，有人直接拿刮胡刀片使用。所以说，要用什么刀，随个人喜好，重点是锋利且够薄，才能在面团表层划出美丽切口。如果真想用专业的欧式面包划线刀，烘焙材料店都有卖，只是价格并不低，倒不如去买刮胡刀片装在不锈钢筷上，既便宜又好用。

Q：烘焙中的喷水量为多少？

喷水的目的是使面团表皮吸附水分，高温烘烤后形成一层脆皮，而且，让有点烤干的面皮变湿软，有利后续的再膨胀。

如果使用窑烤，因为面团水分完全被锁在窑内，有点类似半蒸半烤，不需喷水也能形成脆皮，但使用电炉无法完全密闭，才要喷水雾。

请注意，为了避免形成过厚的面包皮，只要轻喷即可，也可避免炉内温度瞬间下降，影响膨胀效果。

Q: 家用烤箱没石板会影响膨胀效果?

那是一定的。

家用烤箱的热量很容易散逸，炉中本就不易蓄积太多热量，一旦打开炉门，热量就随着散失，炉中温度容易急速下降，这对烘焙面包的膨胀力影响很大。因此，面包烘焙过程中，除非必要，否则不要开炉门，如果可以的话，去买一块烘焙用的石板，就可以提高烘焙效果。

Part 4

果物之恋

口味多、馅料丰，
小农食材入馅大变身，
意想不到的黄金配方，
呈现淡雅动人的滋味。

Lesson 9

本地小农食材入馅来

果干自己烘，乐趣多元更澎湃

面包是西方人的主食，烘焙技巧也源自西方，因此，面包馅料使用的食材大多是蔓越莓、无花果、蓝莓、红莓、李干、梅干等。

但随着大家对环境及生态的重视，以及对本土农民的支持，使用本地食材已成为风潮。我们也不必为了支持本地食材而故意舍弃好的进口食材，像核桃及许多坚果类，台湾并不生产，但其营养及美味无可取代，当然还是要用。至于台湾本土大量生产且质量良好的农产品，只要肯花心思，都可以拿来加入面包，方法也不难。面包的馅料，若以它的功能性来说，包括三种要素：第一是营养，第二是风味，第三是色彩。加入馅料的关键变因在于湿度，只要能掌控馅料的水分，本地食材几乎都能加入面包，就看要怎样变化了。

馅料三重奏——营养、风味与色彩

第一重——营养

　　说到营养，由于面包主体是面粉加水组成，纵然是全谷物的面包，也只是谷类的全营养，营养成分比较单一，如果能加入其他馅料，就可以丰富营养成分，入口后能摄取到更多养分，口感也更有变化。就好比吃饭一样，吃糙米饭再营养也是米的全营养，因此要有配菜，营养更多样，还能帮助食欲大开；就算不配菜，也要像日本人做寿司或手卷一样，把食材跟饭包在一起，可以一口吃到较多食材，还让人一口接一口想吃呢。

　　纵然是全谷物的面包，也只是谷类的全营养，营养成分比较单一，如果能加入其他馅料，入口后能摄取更多营养，口感也更有变化。

　　如果单以营养来考虑食材，没有搭配风味或色彩，就商业量贩而言，难有利润基础，消费者常会因看不到或闻不到而质疑面包中是否真含标识中的食材。有许多食材含有丰富营养，却很少被用来做面包，道理就在此。除非是店家跟消费者之间已有坚固的互信，才会信任店家一定会按照配方比例真实呈现在标识上。

　　以台湾目前烘焙业竞争激烈的情况下，少有百年老店，互信基础薄弱，要推广这类食材比较困难。这也让许多营养成分很高但无浓味或显色不突出的本地食材无法经由烘焙业来推动。

第二重——风味

馅料的第二要素是风味。

人的六个感觉器官包括眼、耳、鼻、舌、身、意。就食品而言，鼻的感觉相当重要，也就是闻得出的风味。广告名词说的一家烤肉万家香，是指风味是可以穿透有形的阻隔，启动更多人的味觉感受，让人忍不住想去看一下，甚至尝一下。就像传统的面包店，使用大量酥油、奶油等油脂，经过高温烘焙，散发出浓浓的奶油香，让人食指大动。或又如时下流行的庄园咖啡烘焙店，烘焙过程中，飘散出的咖啡香味，能吸引百米之外的过客闻香下马，一探究竟。台湾的本地农产品中，有不少好风味的食材，像我们惯用的桂圆干就是一例。取材自南投县中寮乡马鞍仑蔡聪修农民所制作的桂圆干，不只经过三次反复炭烤烘焙，还得经过日晒，再以人工剥下果肉，干燥程度罕见。

若以同样的价格计算，他的果干虽然会因水分减少而增加成本，但坚持传统古法、不偷工的做法，让桂圆在面包中散发天然香醇的味道。尤其是经过日晒，更产生一种难以形容的特殊风味，喜爱桂圆的人吃过之后，都会怀念那香醇的气味。

另外，面包窑每年冬春交接时才会制作的柑橘面包，用的是茂谷柑。

　　因为只有茂谷柑才有足够的风味，在经过高温烘焙后，还能透出淡雅经典的柑橘香。我们曾试过柑橘、海梨、橙子，都因色彩及风味太淡，加的量太多，反而影响面团的结构和发酵；加的量少，完全无法显现特色。唯有茂谷柑，只需适当的量，就能让人在品尝时感受到清淡的香气。

　　不过，馅料散发的风味也最令人担忧。大家都爱浓郁香味，消费者的味觉被宠坏，胃口越来越大。有些烘焙业者为了吸引更多买家，千方百计增加面包的香气，方法就是调高馅料比例，但馅料比例总有限制，到最后只好使用香精。如果使用天然提炼的香精还算

好，就怕用的是工业合成的香精，虽然号称是合法添加物，但非天然的添加剂，再合法都难以保证不会有问题。这个现象就出现在时下最流行的桂圆小蛋糕。一口咬下小蛋糕，口中马上蹦出浓郁气息，真的好香。我吃了几口后，猛一惊觉，怎会这么香？再想想，若是直接吃桂圆干，并不会有如此浓郁感觉，若果干比例只占蛋糕的一成，竟然能香气四溢，香味从何而来？如何产生？顿时就不敢再吃了。

台湾本地农产品中，有不少好风味的食材，只需加入适量，散发淡雅香气，就能引出面包独特的风味。

Lesson 9
135

第三重——色彩

馅料最后一个要素就是色彩。闻香下马是有距离的，眼见为实则是近距离接触。因色彩能触动消费者的购买欲，或引发食欲，因此，餐厅上菜首重摆盘，可以帮菜肴加分。

面包馅料也可以帮面包加分，只要借助食材的天然颜色即可。例如南瓜，尤其是橙黄的日本栗南瓜（台湾菜市场俗称东升南瓜），连果肉颜色也一样漂亮，蒸熟或烤熟后，加进面团一起打，虽然化为无形，但橙黄色泽让面团变得更活泼，尝来虽只有淡淡南瓜味，但颜色已挑起不少人的食欲。再如紫米，同样有着米香，但将紫米高贵的紫色加进面团中，面包出炉后的紫色外表，让人忍不住想偷尝一口。其他如红曲、绿茶粉等，都可以让面团染出天然颜色，还带有一丝天然风味，都是好用的食材，不必退而求其次，使用香精或色素。

综合以上，大家在思考要加什么馅料时，逻辑模式就是前述三要素。必要的风味和颜色，会让消费者第一眼看到色彩，并立即闻到食材特色，虽然只是淡香，但气息却是雅致的。至于营养，同样要被应用，只是融入面包后变成配角，因为加入面团后，全然化为无影，看似跟原有面团无异，较难说服大多数消费者购买外表与香味都不特殊的馅料面包。

在家做面包也一样，可以大胆设计自己想要的馅料，任何自己喜欢的蔬果都可入面包，只要味道对了，就可以。

我试过蔬菜面包，菠菜、胡萝卜、香菇、马铃薯等，凡经过蒸煮风味都不错的蔬果，其实都能加入面包。

至于要如何加入，水分是主要影响因素。如果能自己先烘干蔬果，去除大半水分，利用直接丢入搅拌、拌好再混、整形后再包三种方法，就可享受本地口味的本土面包。

另外，在家做面包还拥有面包店没有的优势，那就是可以做以多样营养为目的的面包，不必在乎香味、色彩。所以，挑选喜欢的食材或新鲜蔬果，加水放进果汁机打碎，直接当水加入面粉揉成面团即可。

只要喜欢的食材，甚至是新鲜蔬果都能加入面包，方法就是食材加水放进果汁机打碎后直接当水加入面粉揉成面团。

要注意的是，蔬果都含水分，以烘焙百分比计算水分时，一般可以调降15%～20%，做出来的面包或许没有诱人的色彩及香味，但吃在嘴里，知道它的营养，靠的是六感中的"意"啰！

烘焙水果大作战

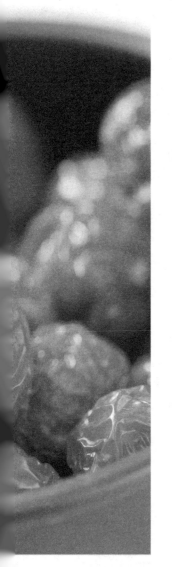

　　我有一个住基隆的画家朋友，长年生活在北部，家庭条件优越。去年有机会到中南部去玩，回到基隆后，他兴奋地告诉我："你知道吗？白花椰菜也可以晒干煮汤或做菜，味道真的棒！"那表情就像发现一个非常棒的新菜一样。

　　记忆所及，那道菜是小时候生活清苦、农作物生产过剩时，为了应对没菜可吃的窘困，大人所想出来的方法，是面对贫困不得已的方法。其实不只花椰菜可晒干，菜豆也可以，许多水果都可以晒干食用，像番石榴干、香蕉干、桂圆干、杨桃干。

　　不过，也不是每样水果都能晒干，因为早年只靠日晒，不能保证天天都天晴，因此要发酵慢的水果才能晒干。

　　像荔枝就没法晒干，因为荔枝太美味、太娇嫩了，现采的若当天没吃完，隔天就开始变黑，果肉剥下后，两天没晒干就酸掉了，所以从小就没吃过或听过荔枝干，直到近年因为烘制设备及技术提升，才有荔枝干的出现。

闲话少说。当开始摸索野生天然酵母面包时，就想到要利用台湾本土食材当馅料。因为市面上老是标榜加了进口的蓝莓、蔓越莓、无花果等水果干，强调每样都很营养和健康，好似本土水果干一点营养价值都没有，根本不能拿来做烘焙材料。

其实，那是因为欧美国家农产品产量大，又有庞大的政府及营销体系支撑，为了卖出农产品，会花钱做想要的研究，引用研究报告让消费者以为他们吃的是更营养、更健康的食品。我们的农产品如有这样的体制协助其营销，相信结果会一样，大家就会多用本土食材做料理了。

> 要拿水果当面包馅料，主要考虑的因素就是水分，因此，最简单的方法就是烤干。

既然要拿水果当面包馅料，主要考虑的因素就是水分，因此，最简单的方法就是烤干。要烤干水果，日晒当然是最佳方法，因为太阳光含有我们未知的元素，凡是太阳晒过的食品，都有特殊风味。不过，现在的空气污染严重，真要拿到屋外日晒，也担心落尘里的不明元素，何况城市里也难有足够空间可供日晒，所以，想日晒，除非是在乡间，否则就算了吧。

低温烘烤保健康

烘干水果第一个要考虑的是温度，温度高当然烤得快，温度低相对就需更多时间。但制作食物，有时以快为目标不见得是好事，有许多理论认为高温容易破坏蔬果内的酶，低温烘烤成为健康主流，因此，低温长时间烘烤是烤果干较佳的方法。

所谓低温，是几摄氏度呢？

并非像冰箱里的温度一样，而是相对低于一般烤焙100℃的温度，大约以65℃为界，只要低于65℃，就是好的低温烤焙，比较不容易破坏食物里的酶。要烤面包用的水果干，也不必再花钱去买专业的烤焙机器，家用烤箱不但可以烤面包，拿来烤焙水果也很好用。

其实，许多水果、蔬菜都可拿来烤干，只是时间长短不一，一般都要烤上一天以上，千万不要烤到全干，目测大约剩两成水分即可，太干，加入面团不易操作，口感也不佳，更可能因此失去香味。

许多人会质疑，那到底要烤多干，其实，同样没有一定标准。把水果、蔬菜烤干加入面团，主要原因是水果和蔬菜都饱含水分，如果切丁或刨丝加进面团，会影响面团水分，尤其低

摄影：舞麦者

温发酵时，水分会因渗透压而释出，不仅难以拿捏面团的水分比例，更会影响发酵质量，尤其靠近馅料的面团会因含过多水分而无法发酵，做出发酵不均的面包。

因此，蔬果烤焙主要是减低它们的水分，只要烤到外皮形成一个干膜，摸起来干润即可。

许多水果、蔬菜都可拿来烤干，只是时间长短不一，一般都要烤上一天以上，千万不要烤到全干，目测大约剩两成水分即可；温度低于 65℃，比较不容易破坏食物里的酶。

1. 圣女果

只要清洗干净，直接铺在烤架上，烤到约剩六成水分即可使用。

1

先用流动的水将圣女果冲洗干净。

2

将圣女果平铺在烤网上面。

3

开始进行烘烤。

摄影：舞麦者

4

注意温度不要高于 65℃。

5

烤一天以上，烤到约剩六成水分即可。

2. 香蕉

先将香蕉去皮，排列在烤架上直接烤，果肉会逐渐变黑，烤到摸起来有点润软即可。

选择全熟的香蕉。

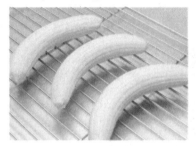

去皮后排列在烤架上直接烤。

烤到摸起来有点润软即可。

3. 菠萝

菠萝去皮后切片，摆在烤架上，放入烤箱，烤到外层干了，但摸起来仍有湿度即可。

菠萝去皮切片，放烤架上。

烤到外层干，但仍有湿度即可。

摄影：舞麦者

Lesson 10

和香草一起玩家家酒

香草油萃取，抗拒不了的清新味

　　香草是许多人喜爱的食材之一，不论是入菜或是加入面包，甚至是做成色拉，有香草提味总是让人食指大动。

　　舞麦窑草创之初，很想做香草佛卡夏（focaccia）面包，看到美国面包教科书中有香草油配方，觉得一定很够味，就模仿着做，没想到一试就成功，后来随着需求而调整配方，去掉了蒜头，做出素食可食的香草油。

　　自制香草油真的很简单，只要购买香草，不管是新鲜的或是干燥的，甚至是已调配好的，没有一定限制。不过，新鲜的香草味道较浓郁，干燥香草的风味较淡，因此，配方比例要因使用新鲜或干燥香草而有所调整，需要自己去尝试及调整，才能做出自己喜欢的味道。

Lesson 10

使用干燥香草当然方便，不过，迷迭香这类香草很好种植，只要去大型量贩店买一两棵，换到大花盆栽种，就有新鲜的香草可用。

栽培迷迭香等香草也很容易，只有两个秘诀：一是多日晒，二是少雨水。如果放在自家阳台，一定要朝东或西方，至少有半天的日晒，否则放到楼顶也可，日晒越长越好。不必担心它们会因缺水而枯死，只要偶尔浇水即可。迷迭香怕太潮湿，根部容易腐烂，夏天则要每天浇水，其他三季，两三天浇一次水就可以。至于栽种的土，可以试做有机土。把家中挑下来的菜叶跟泥土，一层一层铺好，最好上层是泥土，静置一段时间，就能做出营养的有机土，并培养出枝叶茂盛的迷迭香。

> 栽培迷迭香等香草很容易，只有两个秘诀：一是多日晒，二是少雨水。

至于配方，可随个人喜好而调整。如果使用干燥香草，可以买已调配好的综合意大利香草或普罗旺斯香草。在制作香草油之前，先摘下自种迷迭香的嫩芽一大把，如果没有严格要求素食，可以加入压破的蒜头，再加些黑胡椒也可以；想要有点辣味，酌量加入辣椒也无妨。如果使用新鲜香草，比重可以减少些，香草油的香味就不会太浓。

选择喜爱的新鲜香草，切成细丝。

或者买一袋已调配好的普罗旺斯香草。

摄影：舞麦者

先将橄榄油以小火加热约45℃，移开炉火，再将香草依比例倒入锅中。

再放到炉火上，搅拌均匀后关掉炉火，静置待凉即可。

　　美国面包教科书 *The Bread Baker's Apprentice* 的标准配方，是两杯油对一杯香草，如果使用干燥香草，就用 1 / 3 杯。看起来，好像干燥香草的用量少，其实，干燥香草比较紧实，新鲜香草较蓬松，重量是有差异的。

　　至于香草种类，可选择迷迭香、罗勒、牛至、荷兰芹、龙蒿、百里香等。其他，可随自己喜好，加入蒜头三四瓣，最后加一点盐提味。最方便的就是去买一袋已调配好的普罗旺斯香草，就如上述的比例，半杯干香草对一杯的油。材料准备好了，就开始制作香草油。首先把不锈钢锅洗净，倒入初榨橄榄油，开小火，使用烘焙用温度计测油温约45℃，或用手测有点烫，就可把香草配

方混入油中，搅拌均匀后关掉炉火，静置待凉，就大功告成了。

　　完成的香草油可装回橄榄油瓶，不过，因添加香草后的总量会增加，需预先多准备一个空瓶灌装。冬天室温存放即可，夏天则放冰箱中保存。香草油的用途相当多，除了制作面包可以预先拌到面团中，让面包散发浓郁香味外，还可以拿来拌干面，做意大利面时也可以派上用场。甚至要烤牛排等食材时，只要喜欢香草风味，都可以酌量添加，让食物更具不同的迷人香气。

　　制作香草油，可随个人喜好加入迷迭香、罗勒、牛至、荷兰芹、龙蒿、百里香等，最后加一点盐提味。

Part 5

烘焙之恋

成品摄影：杨志雄
步骤摄影：舞麦者

来做面包吧！
往面包的国度出发，
种下亲手制作的爱苗，
变出值得回味的魔法面包树。

Lesson 11

十款面包亲手做

南瓜起司面包

蕴含阳光的甜美

南瓜，来自大地的天然滋味，略带奶油香气的橘黄金橙，活力般的色调与厚实外观，叫人一眼就爱上。把南瓜当成主角，加入面包之中，尝起来层次更丰富，鲜甜饱满又绵密的味道，散发淡雅香气，吃了立刻产生幸福感。

南瓜肥厚的果肉富含营养成分，蛋白质与脂肪含量低，却吃得到满满的纤维，是最健康的食材。

备好料

高筋面粉 440 克、自磨杂粮粉 110 克、水 280 克、天然酵母面种 110 克、蒸熟的南瓜 120 克、海盐 8 克、黑糖 28 克、初榨橄榄油 17 克、起司适量

动手做

第一天

1. 翻养酵母，冬天要在开始拌料前至少 8 小时翻养，夏天至少要 4 小时。

2. 将起司以外的所有材料倒入不锈钢盆中，搅拌搓揉成不粘手的面团。

3. 将面团移至操作台上，反复搓揉至光滑有弹性，如果粘手，就撒面粉。最后将面团滚圆，放在密闭容器中，放进冰箱冷藏，低温发酵一晚。

第二天

4. 从冰箱取出面团，室温回温并继续发酵，室温约 25℃ 时，需 3 ~ 4 小时。

5. 操作台上先撒一层高筋面粉，取出面团放在操作台上，用手压出空气。

6. 分割面团，每块约 300 克并滚成圆形。

7. 将起司包入面团并整形，放在帆布或烤盘上，盖上一层布防风，进行第二次发酵，约 1 小时。

8. 烤箱预热至 200℃。

9. 在面团表面轻划几刀后，放进已经预热的烤箱中，烘烤约 25 分钟至表面上色。

10. 面包出炉需静置待凉约 20 分钟，即可享用。

抹茶红豆面包

缤纷的色彩飨宴

抹茶与红豆永远是最佳拍档。淡淡的、带点草香的抹茶，与甜蜜、粒粒分明的红豆，一起激发出成熟的味道，不会抢了主角面包的风采，反而让面包更有个性。

面包里的蜜红豆，不建议加太多，微甜松绵的红豆有画龙点睛效果，如果分量过多，吃起来口味太重，适量即可。

高筋面粉 520 克、自磨杂粮粉 120 克、水 430 克、天然酵母面种 129 克、海盐 10 克、黑糖 32 克、初榨橄榄油 18 克、抹茶粉 20 克、蒸熟的红豆 200 克

动手做

第一天

1. 翻养酵母，冬天要在开始拌料前至少 8 小时翻养，夏天至少要 4 小时。

2. 将红豆以外的所有材料倒入不锈钢盆中，搅拌搓揉成不粘手的面团。

3. 将面团移至操作台上，反复搓揉至光滑有弹性，如果粘手，就撒面粉。最后将面团滚圆，放在密闭容器中，放进冰箱冷藏，低温发酵一晚。

第二天

4. 从冰箱取出面团，室温回温并继续发酵，室温约25℃时，夏天约 2 小时，秋天约 3 小时，冬天约 4 小时。

5. 操作台上先撒一层高筋面粉，取出面团放在操作台上，用手压出空气。

6. 分割面团，每块约 300 克并滚成圆形。

7. 将红豆约 50 克包入面团并整形，放在帆布或烤盘上，盖上一层布防风，进行第二次发酵，约 1 小时。

8. 烤箱预热至200℃。

9. 在面团表面轻划几刀后，放进已经预热的烤箱中，烘烤约 25 分钟至表面上色。

10. 面包出炉需静置待凉约 20 分钟，即可享用。

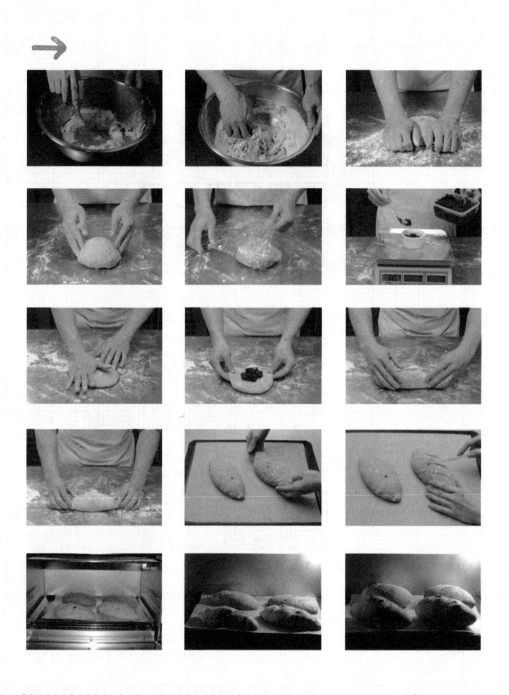

香蕉红枣面包

二部曲的大合唱

香蕉与红枣一起变成面包馅料，听来有点奇妙，灵感其实来自老祖宗的健康智慧。

成熟的香蕉，涩味一扫而净，尤其香蕉拥有丰富的铁质，能提供矿物质如钾离子等，软润香甜口感，老少皆宜。而味道甘美的红枣，一直被视为炖补食材，两者相辅相成，让面包能量更饱满。

备好料

高筋面粉 480 克、自磨杂粮粉 120 克、新鲜熟透的香蕉 2 根、水 220 克、天然酵母面种 120 克、海盐 9 克、黑糖 30 克、初榨橄榄油 18 克、去核红枣适量

动手做

第一天

1. 翻养酵母，冬天要在开始拌料前至少 8 小时翻养，夏天至少要 4 小时。

2. 将红枣以外的所有材料倒入不锈钢盆中，搅拌搓揉至不粘手，新鲜香蕉切段加入一起揉拌。

3. 将面团移至操作台上，反复搓揉至光滑有弹性，最后将其滚圆，放在密闭容器中，放进冰箱冷藏，低温发酵一晚。

第二天

4. 从冰箱取出面团，室温回温并继续发酵，室温约 25℃时，需 3～4 小时。

5. 操作台上先撒一层高筋面粉，取出面团放在操作台上，用手压出空气。

6. 分割面团，每块约 300 克并滚成圆形。

7. 将去核并切成小块的红枣包入面团并整形，放在帆布或烤盘上，盖上一层布防风，进行第二次发酵，约 1 小时。

8. 烤箱预热至 200℃。

9. 在面团表面轻划几刀后，放进已经预热的烤箱中，烘烤约 25 分钟至表面上色。

10. 面包出炉需静置待凉约 20 分钟，即可享用。

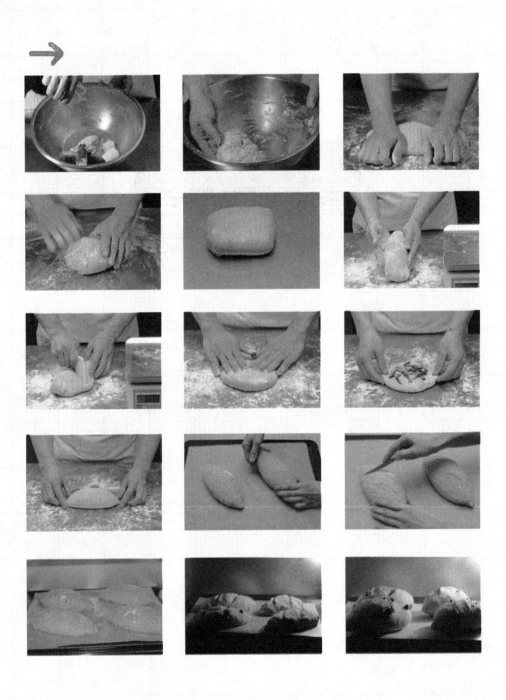

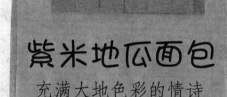

紫米地瓜面包

充满大地色彩的情诗

这是一款让人百吃不厌的组合面包。紫米有"药壳"之称，其含有丰富的膳食纤维，可以促进肠胃蠕动，是民间最好的补品。

而被喻为平民美食的地瓜，也是热门的自然高纤维食材，两者结合成温暖厚实的味道，食来健康又养生。

备好料

自磨紫米粉 300 克、高筋面粉 300 克、水 315 克、天然酵母面种 120 克、海盐 9 克、黑糖 30 克、初榨橄榄油 18 克、香烤地瓜适量

动手做

第一天

1. 翻养酵母，冬天要在开始拌料前至少 8 小时翻养，夏天至少要 4 小时。
2. 将地瓜以外的所有材料倒入不锈钢盆中，搅拌搓揉成不粘手的面团。
3. 将面团移至操作台上，反复搓揉至光滑有弹性，最后将其滚圆，放在密闭容器中，放进冰箱冷藏，低温发酵一晚。

第二天

4. 从冰箱取出面团，室温回温并继续发酵，室温约 25℃时，需 3 ~ 4 小时。
5. 操作台上先撒一层高筋面粉，取出面团放在操作台上，用手压出空气。
6. 分割面团，每块约 300 克并滚成圆形。
7. 将地瓜约 50 克包入面团并整形，放在帆布或烤盘上，盖上一层布防风，进行第二次发酵，约 1 小时。
8. 烤箱预热至 200℃。
9. 在面团表面轻划几刀后，放进已经预热的烤箱中，烘烤约 25 分钟至表面上色。
10. 面包出炉需静置待凉约 20 分钟，即可享用。

核桃桂圆面包

香气嘉年华派对

　　富有独特香气的桂圆与核桃，动人滋味充满金秋色彩。这款核桃桂圆面包一出炉，等不及冷却，就想一股劲往嘴里送。

　　新鲜的面包嚼劲十足，含在口中，缓缓释放出桂圆香味，微甜回甘叫人陶醉；而核桃酥干、脆的干果香气迸跳而出，让人仿佛沐浴在秋天的和风里，堪称是搭配意大利浓缩咖啡的极品。

备好料

高筋面粉 450 克、自磨杂粮粉 110 克、水 365 克、天然酵母面种 115 克、海盐 8 克、黑糖 28 克、初榨橄榄油 17 克、核桃 70 克（泡水备用）、桂圆干 70 克（泡水备用）

动手做

第一天

1. 翻养酵母，冬天要在开始拌料前至少 8 小时翻养，夏天至少要 4 小时。

2. 核桃及桂圆干加水泡软备用。

3. 除核桃及桂圆干外，其他所有材料倒入不锈钢盆中搅拌搓揉成不粘手的面团。

4. 将面团移至操作台上，反复搓揉至光滑有弹性，约 20 分钟。

5. 压平面团，将沥干的核桃与桂圆干平铺在上面，对切后重叠揉搓，重复操作，直到馅料分布均匀。

6. 将面团滚圆，放在密闭容器中，放进冰箱冷藏，低温发酵一晚。

第二天

7. 从冰箱取出面团，室温回温并继续发酵，室温约 25℃时，需 3 ~ 4 小时，视温度调整时间，至面团膨胀到约为原来的 1.2 倍即可。

8. 操作台上先撒一层高筋面粉，取出面团放在操作台上，用手压出空气。

9. 分割面团，每块约 300 克并滚成圆形，放在帆布或烤盘上，盖上一层布防风，进行第二次发酵，时间约 1 小时。

10. 烤箱预热至 200℃。

11. 在面团表面轻划几刀后，放进已经预热的烤箱中，烘烤约 25 分钟至表面上色。

12. 面包出炉需静置待凉约 20 分钟，即可享用。

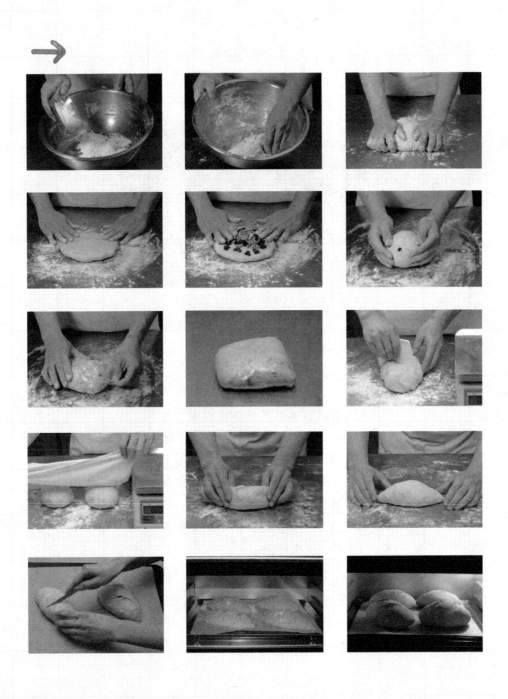

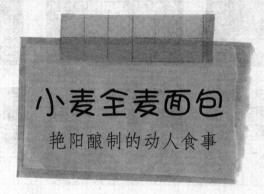

小麦全麦面包

艳阳酿制的动人食事

    百分百小麦全麦面包是全谷物，分量与营养皆满分。

    此款面包看起来很质朴，返璞归真的气息非常温暖，扎实口感越嚼越香，是来自大地的天然味道，任何人一旦尝了一口，就成了它的俘虏。能帮助消化的全谷物面包，最适合当作早餐，再搭配一杯香醇热饮，元气十足。

备好料

自磨全麦粉 320 克、水 230 克、天然酵母面种 65 克、海盐 5 克

动手做

第一天

1. 翻养酵母，冬天要在开始拌料前至少 8 小时翻养，夏天至少要 4 小时。

2. 将所有材料倒入不锈钢盆中，搅拌搓揉成不粘手的面团。

3. 将面团移至操作台上，搓揉到有点弹性，约 20 分钟。

4. 将面团滚圆，放在密闭容器中，放进冰箱冷藏，低温发酵一晚。

第二天

5. 从冰箱取出面团，室温回温并继续发酵，室温约 25℃时，需 3 ~ 4 小时，至面团膨胀到约为原来的 1.2 倍大。

6. 第一次发酵完成，开始操作前，先在操作台上撒一层高筋面粉，取出面团压出空气。

7. 分割面团，每块约 300 克并滚成圆形，封口朝下，静置约 10 分钟。

8. 将面团翻面，封口朝上放至操作台上，用手平压并挤压排出空气后，从外侧往内折，做成橄榄状。

9. 整形后，以封口朝上方式放入撒上高筋面粉的发酵篮中。

10. 烤箱预热至 200℃，烘烤约 30 分钟至表面上色。

11. 面包出炉后静置约 20 分钟，即可享用。

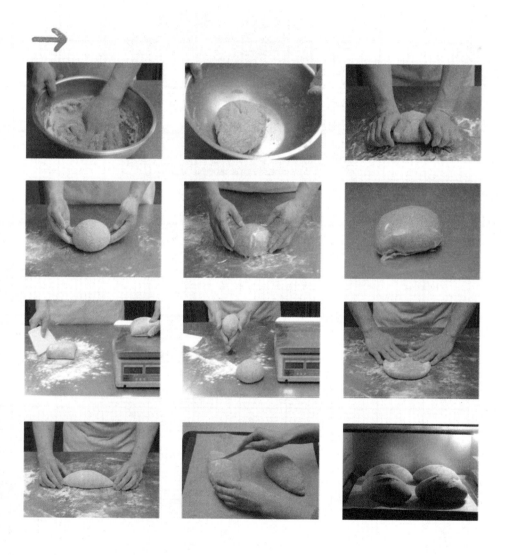

柑橘面包

橙色的美丽皇冠

柑橘是一种具有奇特酸味的水果，满满的纤维与果胶，加上具有美容作用的微生素C，可说是养颜最佳食材。

把柑橘加入面包中，柔顺的口感带着橘子酸酸甜甜的滋味，先是跳出面粉香，接着散发水果层次分明的清新感，缔造出神话般不可思议的美味。

备好料

高筋面粉 495 克、自磨杂粮粉 130 克、新鲜柑橘肉 350 克、水 100 克、天然
酵母面种 125 克、海盐 9 克、黑糖 31 克、初榨橄榄油 18 克

动手做

第一天

1. 翻养酵母，冬天要在开始拌料前至少 8 小时翻养，夏天至少要 4 小时。

2. 柑橘要先剥皮并去籽，取部分的皮洗净切成细丁备用。

3. 将包含柑橘等的所有材料倒入不锈钢盆中，搅拌搓揉成不粘手的面团。

4. 将面团移至操作台上，反复搓揉至光滑有弹性后，将面团滚圆，放在密闭容
器中，放进冰箱冷藏，低温发酵一晚。

第二天

5. 从冰箱取出面团，室温回温并继续发酵，室温约 25℃时，需 3 ~ 4 小时。

6. 操作台上先撒一层高筋面粉，取出面团放在操作台上，用手压出空气。

7. 分割面团，每块约 300 克并滚成圆形，放在帆布或烤盘上，盖上一层布防风，
进行第二次发酵，约 1 小时。

8. 烤箱预热至 200℃。

9. 在面团表面轻划几刀后，放进已经预热的烤箱中，烘烤约 25 分钟至表面上
色。

10. 面包出炉需静置待凉约 20 分钟，即可享用。

香草绿橄榄面包

跳跃的草原精灵

橄榄果实属于碱性食品，富含对人体健康有益的橄榄多酚，除油腻、开脾胃、促进食欲，好处很多。

想要烤焙这种风味面包，不必大费周章，只要将绿橄榄放进面包里，再加上宛如魔法师的迷人香料，扮演灵活配角却不抢面包风采，是一款会让人绽放笑容的极品。

备好料

高筋面粉 270 克、自磨杂粮粉 30 克、天然酵母面种 60 克、海盐 6 克、香草橄榄油 30 克、油渍绿橄榄数颗

动手做

第一天

1. 翻养酵母，冬天要在开始拌料前至少 8 小时翻养，夏天至少要 4 小时。

2. 绿橄榄先去核，切成细长条备用。

3. 除了绿橄榄，将其他所有材料倒入不锈钢盆中，搅拌搓揉成不粘手的面团。

4. 把面团移至操作台上，反复搓揉至光滑有弹性。

5. 将面团滚圆，放在密闭容器中，放进冰箱冷藏，低温发酵一晚。

第二天

6. 从冰箱取出面团，室温回温并继续发酵，室温约 25℃时，需 3 ~ 4 小时，至面团膨胀到约原来的 1.5 倍大。

7. 操作台上先撒一层高筋面粉，取出面团放在操作台上，用手压出空气，分割称重约 125 克，整成圆形，摊开再加入切好的绿橄榄。

8. 这个面团比较湿软，适合放烤模里进行第二次发酵，等候发酵时要盖上一块布，防止被风吹干，时间约需 1 小时。

9. 烤箱预热至 200℃。

10. 将烤模放到烤盘上，直接放进已经预热的烤箱中，烘烤约 20 分钟至表面上色。

11. 如果不确认是否已烤熟，拿烤焙用温度计插入面包，只要超过 95℃就确认熟了。

12. 面包出炉后需静置约 20 分钟，快凉时保有一点余温，好切又好吃。

核桃葡萄面包

元气饱满快乐颂

　　用手掰开核桃葡萄面包，满溢的馨香之气，如同来自神秘国度的邀约，心神马上飘进面包爱的怀抱里。

　　核桃遇上葡萄，就成为简单的美味。坚果与面粉融合的魔力面团，加上蜜糖色的葡萄干，经过香喷喷的烘焙，原来，亲手做成面包是一种无可取代的成就感。

备好料

高筋面粉450克、自磨杂粮粉110克、水365克、天然酵母面种115克、海盐8克、黑糖28克、初榨橄榄油17克、核桃70克、葡萄干70克

动手做

第一天

1. 翻养酵母，冬天要在开始拌料前至少8小时翻养，夏天至少要4小时。

2. 核桃及葡萄干加水泡软备用。

3. 除核桃及葡萄干外，其他所有材料倒入不锈钢盆中，搅拌搓揉成不粘手的面团。

4. 将面团移至操作台上，反复搓揉直至光滑有弹性，约20分钟。

5. 面团压平挤出空气，将沥干的核桃与葡萄干平铺在上面，对切后重叠揉搓，重复操作，直到馅料分布均匀。

6. 将面团滚圆，放在密闭容器中，放进冰箱冷藏，低温发酵一晚。

第二天

7. 从冰箱取出面团，室温回温并继续发酵，室温约25℃时，需3～4小时，视温度调整时间，至面团膨胀到约原来的1.2倍大。

8. 操作台上撒高筋面粉，取出面团放在操作台上，用手压出空气。

9. 分割面团，每块约300克，滚成圆形，进行第二次发酵，约1小时。

10. 面团静置约30分钟后，打开烤箱预热至200℃。

11. 在面团表面轻划一刀，放进已经预热的烤箱中，烘烤约25分钟至表面上色。

12. 面包出炉需先静置待凉约20分钟，即可享用。

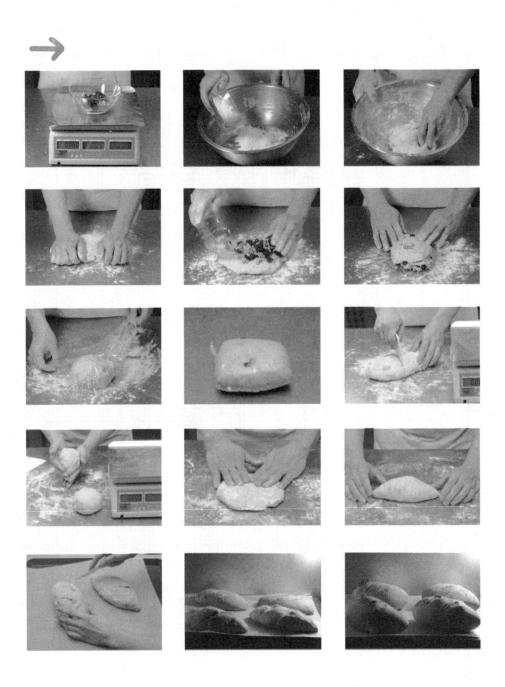

十谷米吐司

咖啡色的魔术仙子

　　喜爱养生食物的人，一定得试着挑战这款面包。十谷米的营养价值不用多说，其包含糙米、小米、小麦、黑糯米、红薏苡仁、荞麦、芡实、燕麦、莲子、麦片等丰富的内涵，味道朴实自然。

　　出炉后的面包有脆脆的外皮和富弹性的内在，透出淡淡米麦香，令人忍不住食指大动。

备好料

自磨十谷米粉 210 克（可用高效能果汁机制作）、高筋面粉 200 克、水 220 克、天然酵母面种 85 克、海盐 6 克、黑糖 21 克、初榨橄榄油 12 克

动手做

第一天

1. 翻养酵母，冬天要在开始拌料前至少 8 小时翻养，夏天至少要 4 小时。

2. 将所有材料倒入不锈钢盆中，搅拌搓揉成不粘手的面团。

3. 把面团移至操作台上，反复搓揉到有点弹性即可，约 20 分钟。

4. 把面团滚圆，放在密闭容器中，放进冰箱冷藏，低温发酵一晚。

第二天

5. 从冰箱取出面团，室温回温并继续发酵，室温约 25℃时，需 3 ～ 4 小时，至面团膨胀到约原来的 1.2 倍大。

6. 第一次发酵完成，开始操作前，先在操作台上撒一层高筋面粉，取出面团放在操作台上，用手压出空气。

7. 因为这个是一个吐司的分量，因此将面团滚成圆形，封口朝下，静置约 10 分钟。

8. 将面团翻面，封口朝上，用手平压挤压出空气，再擀成长方形，卷成像蛋糕卷一样。

9. 将蛋糕卷样的面团，封口朝下放入吐司盒中。

10. 打开烤箱预热至 200℃，烘烤约 30 分钟至表面上色。

11. 面包出炉后静置约 20 分钟，即可享用。

Part 6

砖窑之恋

坚持烦琐费工的做法，
用爱与信心一步步实现，
从砖块到砖窑的努力，
创造出梦想中的面包。

Lesson 12

滋养面包的摇篮

砖窑的诞生，梦想终于成真

我常说我家的面包不只是窑烤。因为，健康的面包利用最单纯的食材，加上自家培养的野生天然酵母就有 80 分的水平，但窑烤是面包烘焙的另一种极致追求，可以加分到 90 分，甚至 95 分。（至于 100 分就不必了，因为追求最后百分百极致完美，常是变成不健康美食的主因。）而且，窑烤对野生天然酵母面包的烘焙效果更是一大帮助。

追求自然，就不会想用太复杂的东西，从原本要做馒头，摸索到做面包，从小小的家用电烤箱到半板的半专业烤箱、一板两层烤箱，最后在电烤箱里加了石板，就是为了烤焙出欧式面包特有的风味及口感。

⬇ 窑烤面包变王道

是的！就是为了追求欧式面包的特有风味，我开始注意到面包窑，从古埃及时期以来就不断演进的面包窑，最后成为烤焙面包的终极武器。在阅读书籍及资料之后，发现原来现代最先进的电烤箱要喷蒸汽、加石板，为的是模仿窑烤质感，因为窑烤不但有厚实的窑壁封住水汽，还有柴烧后火红木炭的远红外线，烤焙过程是半蒸半烤，最适合含水比例较高的野生天然酵母面团，这才顿悟到，原来"窑烤才是王道"。有了初相遇，对于面包窑的信息

特别敏感，想要寻找个中原理。恰巧，刚好读到有美国烘焙教科书美称的 *The Bread Baker's Apprentice*，看到纽约有家知名窑烤面包店，店里的面包窑要前一天生火，第二天可以从上午烤焙面包及点心到下午约 8 小时，保温效果极佳。

书中大大称赞那座面包窑的设计及建造者 Alan Scott，因此，Alan Scott 这个名字就烙印在心中，心想，不知哪天才有机会能亲睹大师风采。

窑烤有厚实窑壁封住水汽，还有柴烧后火红木炭的远红外线，过程是半蒸半烤，最适合含水比例较高的野生天然酵母面团。

Lesson 12

摄影：舞麦者

与 Alan Scott 初相逢。

与砌窑大师初相逢

　　人生因缘真是天注定。我上网搜寻 Alan Scott，当然是数据无数，最重要的是，找到了他个人工作室的网页，上面留有电子邮件地址。还好在辅大英文系夜间部读了四年，听不到中文的磨炼以及毕业要交一篇英文短论文的训练，毕业十多年后，我还能写一封信向他请教。

　　说来真是有缘。生性节俭的他，原先对于付费网络的开销相当在意，恰巧，那段时间他居住的奥特兰镇有电信促销，提供低价的网络连接费用，他刚好申请 Skype，我们才可以在限定的时段里，千里之外进行沟通。个性直爽、乐于助人且热心推广面包窑的 Alan Scott，不但欢迎我前往他的家乡拜访他，愿意教导筑窑的小秘诀，还愿带我拜访他所筑造的面包窑，甚至愿意扮演推荐者的角色，请其他店家（他帮这些店家筑窑）接待我，让我全程观摩。眼见机会难得，我立刻上网订机票，展开四十多岁才有的背包客处女行。转了两次机，抵达塔斯马尼亚机场时，Alan Scott 和他的台湾籍太太早已在机场等我，我下机就直接住进他家。短暂的拜访行程，七十一岁高龄的 Alan Scott，亲自开车带我去看一家中型的面包"工厂"和一家小型家庭式的面包工作室。

最后还去买了全麦面粉，借用面包工作坊自养的野生天然酵母，就在家里示范如何做全麦面包。

当然啦，他家后院就有一座约可以烤 12 个 600 克重面团的面包窑，从生火、移动火堆、窑壁变白到最后均温及进炉，他都热心地仔细指导我。

摄影：舞麦者

Alan Scott 自己拥有一座面包窑。

到澳大利亚观摩其他窑烤面包现场。

决心实现梦想

1

决心实现梦想，开始砌窑打底的工作。

2

砖窑的底座已成形。

3

开始灌水泥基座。

4

开始小心翼翼地砌砖。

　　结束一段"奇缘"（因为 Alan Scott 在两年后就过世了），更加坚定我要盖一座窑的决心。只是要盖多大，倒是衡量许久，最后考虑到未来要量产，在咨询过 Alan Scott 后，决定盖一座内壁深 2.1 米、宽 1.2 米的砖窑。

　　许多人这时都会问，盖面包窑难不难？说实话，真的很简单。Alan Scott 还特地提醒，千万不要雇用资深的泥水匠，因为他们的习惯动作，会造成炉壁水泥成分不均布，受热后各部分炉壁膨胀不一，最后会导致炉壁龟裂，严重的就要打掉重做。

5

已可看到砖窑的初步样貌。

6

我也加入砌窑行列。

7

雏形终于完成。

8

大功告成。

摄影：舞麦者

　　说真的，如果想自己摸索盖窑，可以去买 Alan Scott 与人合著的 "The Bread Builder"，里面就有盖面包窑的基本说明，相当详细。有泥水概念的人，就可以自行筑造，台湾不少人就是看那本书摸索着盖出自己的窑。

　　如果觉得摸索太麻烦，目前有 Alan Scott 儿子继续管理的 Alan Scott 工作室网页，也销售设计图，我就是向 Alan Scott 购买设计图，再请建筑师朋友翻译，转换成中文及国际公制尺寸，作为筑窑的依据。

面包窑和比萨窑大不相同

窑的好坏，不外乎炉内对流及保温效果。所谓对流，就是生火时的空气对流及柴火温度能均布在炉内各处。面包窑只有单一开口（法国普瓦兰的面包窑是另一种白窑，分两层，柴火在下层烧，火舌透过两层中间的一个孔往上蹿到上层），烧柴时，进气和排气都在同一出口，加上炉内空间大，若对流不佳，不但生火时会因燃烧不完全而产生浓烟，还会造成炉内不均温，烤出的面包差异很大。

所谓保温效果，就是能将烧柴产生的热能蓄留在炉壁，慢慢释出热能烤焙面包或甜点。比萨窑可以迷你、壁薄，面包窑一定要有厚实的窑壁来蓄积热能；比萨利用明火烤焙，当炉内还有炭火时放进比萨，温度高达 350℃以上，瞬间将馅料及饼皮烤熟。而面包窑是生火达到需要的温度后，关闭炉门，让炉内各处均温。面包进炉前，要先清除炉内余炭及灰渣，并用湿拖把清理炉面，再烤面包。当面包一进炉，就开始考验面包窑的优劣，如果窑温陡降，显示保温效果不佳，不但烤不出好面包，产能也有限。因为温度下降太快，烤了三批面包后，就会因温度过低不能再烤。以 Alan Scott 设计的面包窑为例，除了最内层的耐火砖外，还有厚厚的保温层及隔热层，炉壁厚度将近一米，为的就是蓄积热能。不过，窑再好，也不会像电烤炉那样烤出几乎一模一样的标准化面包。同一炉的面包，也会因为位置不同而有些微差异，不同批出炉的差异更多，不同天出炉的差异就更明显。这是手工的差异，也是手工面包的乐趣。最后，许多人都会问，窑烤面包要怎么吃及保存。最好吃的时刻，当然是出炉后约 30 分钟，不是刚出炉喔。吃的时候一定要切片吃，不要像吃一般面包那样，拿着就咬，窑烤面包的特点是外层的脆皮，切片吃会更优雅、更美味。

　　窑烤面包出炉 30 分钟后最好吃，尤其是切成一片一片吃，更能尝到酥脆的外皮与湿润的内部。

图书在版编目（CIP）数据

舞麦！天然酵母窑烤面包名店的12堂"原味"必修课 / 舞麦者著 —郑州：河南科学技术出版社，2016.11

ISBN 978-7-5349-4997-5

Ⅰ.①舞… Ⅱ.①舞… Ⅲ.①面包－制作 Ⅳ.①TS213.2

中国版本图书馆CIP数据核字（2014）第070346号

出版发行：河南科学技术出版社
地址：郑州市经五路66号 邮编：450002
电话：（0371）65737028 65788633
网址：www.hnstp.cn
策划编辑：李迎辉
责任编辑：司 芳
责任校对：耿宝文
封面设计：张 伟
责任印制：张艳芳
印 刷：三河市同力彩印有限公司
经 销：全国新华书店
幅面尺寸：170 mm×235 mm 印张：13 字数：250千字
版 次：2016年11月第1版 2020年1月第2次印刷
定 价：45.00元